电气电子工程软件实践教程

陈薇 刘慧 主编
卢静 吴玲 郝雯娟 副主编

北京

内容简介

本书采用案例教学和任务教学相结合的编写方式，分两篇，分别介绍了MATLAB和Altium Designer这两个软件在电气电子及相关专业中的应用。

第一篇以MATLAB软件为平台，由浅入深地介绍了MATLAB语言的基础知识，包括基本数据类型及运算、计算可视化及程序设计，同时结合实例介绍了MATLAB在工程数学中的应用、电子电路的计算机仿真技术，并通过综合性的应用实例使初学者快速掌握自动控制系统的建模方法和仿真技巧。

第二篇以PCB设计软件Altium Designer为平台，围绕IAP15实验板的PCB设计，系统地介绍了PCB设计的全过程，以及PCB设计常用术语、常见元件封装等相关内容，最后通过具有代表性的工程案例，使初学者理论和实践结合，进一步巩固所学，积累设计经验，并初步具备电子电路设计与制作的能力。

本书配备大量实例和上机实践任务，以便读者更有效地掌握这两个软件的基本应用。

本书可以作为高等学校电气电子及相关专业的软件实践课程教材，也可以作为MATLAB、Altium Designer软件用户的入门培训用书。

版权所有，侵权必究。举报：010-62782989，beiqinquan@tup.tsinghua.edu.cn。

图书在版编目(CIP)数据

电气电子工程软件实践教程/陈薇，刘慧主编. —北京：清华大学出版社，2023.2(2024.7重印)
ISBN 978-7-302-62367-0

Ⅰ.①电… Ⅱ.①陈… ②刘… Ⅲ.①电工技术－计算机仿真－应用软件－教材 Ⅳ.①TM-39

中国国家版本馆CIP数据核字(2023)第012934号

责任编辑：王　欣
封面设计：常雪影
责任校对：欧　洋
责任印制：沈　露

出版发行：清华大学出版社
　　网　　址：https://www.tup.com.cn，https://www.wqxuetang.com
　　地　　址：北京清华大学学研大厦A座　　邮　编：100084
　　社 总 机：010-83470000　　邮　购：010-62786544
　　投稿与读者服务：010-62776969，c-service@tup.tsinghua.edu.cn
　　质量反馈：010-62772015，zhiliang@tup.tsinghua.edu.cn
印 装 者：三河市天利华印刷装订有限公司
经　　销：全国新华书店
开　　本：185mm×260mm　　印　张：15　　字　数：360千字
版　　次：2023年2月第1版　　印　次：2024年7月第2次印刷
定　　价：58.00元

产品编号：099693-01

前　言

作为在计算机仿真计算和电子设计自动化领域广泛应用的两类软件，MATLAB 和 Altium Designer 是各大高校电气电子专业软件实践类课程的必修内容。为更好地满足实践教学需求，特组织一线教师，凭借其多年的教学和工程经验，编写了本软件实践教程。

本书共分为两篇，第一篇是 MATLAB 实践训练，包括第 1～5 章，主要介绍 MATLAB 语言的基础知识，包括基本的操作命令、数据类型、基本运算、计算可视化及程序设计等，并针对专业特点，通过实例，重点介绍了 MATLAB 在工程数学中的典型应用、电子电路的计算机仿真技术，以及自动控制系统的建模方法和仿真技巧。第二篇是 Altium Designer 实践训练，包括第 6～10 章，首先介绍了印制电路板（PCB）设计相关的基本概念、专业术语，然后围绕 IAP15 实验板的 PCB 设计，系统地介绍了 PCB 设计的全过程，最后通过 PCB 的综合设计案例，帮助读者在实践中应用所学知识，并具备电路设计与制作的能力。

本书具有以下特点：

（1）MATLAB 实践训练部分由浅入深，循序渐进，层次清晰，图文并茂，先讲解后实例。

（2）MATLAB 实践训练部分实例丰富，内容涉及多门专业课程，如模拟电路、数字电路、自控原理等，尤其在工程数学中的应用部分，更适合电气电子类专业的需求。

（3）在 Altium Designer 实践训练部分，以一个 IAP15 实验板的 PCB 设计贯穿整个实践过程，将其涉及的操作合理地串接到一起进行讲解，编写过程中遵循简明的理念，以便读者快速掌握软件基本操作。

（4）在 Altium Designer 实践训练部分，将相关专用术语、元件常见封装形式和各种设计规范等概念性的内容合理地穿插于整个 PCB 设计过程中。

（5）两篇都结合专业需求，提供了综合性的工程实践案例，有助于读者将专业软件和专业应用紧密结合，为课程设计、学科竞赛、毕业设计打下一定基础。

（6）提供了丰富的学习资源，包括 MATLAB 实践训练所有实例的源程序，Altium Designer 实践训练全部案例的 PCB 设计源文件、涉及的元件数据手册等。同时为配合教学需要，每章都提供了相应的上机实践任务。

本书由南京航空航天大学金城学院陈薇、刘慧、卢静、吴玲编写，全书由陈薇、刘慧担任主编并负责统编、定稿。本书在编写的过程中得到了南京航空航天大学金城学院郝雯娟教授的大力支持和帮助。

  本书的编写工作还得到了新能源汽车电子产业界专家的支持和帮助,如南京众控电子科技有限公司总经理张旻、南京海贝斯智能科技有限公司高级工程师宋路程。他们在综合性工程实践案例的选择上,提供了许多宝贵的意见,确保了案例在满足实践教学的基础上,又符合实际生产需求,充分体现产教融合特色,在此表示衷心的感谢。

  另外,本书受到江苏省一流专业建设项目(电气工程及其自动化、车辆工程)和江苏省现代教育技术研究2022年度课题(2022-R-99394)的支持。

  由于编写时间仓促,加之作者水平有限,书中难免有疏漏之处,恳请读者和同行批评指正。

编 者

2022年8月

目　录

第一篇　MATLAB 实践训练

第1章　MATLAB 基础 …………………………………………………………… 3
1.1　MATLAB 入门 …………………………………………………………… 3
　　1.1.1　MATLAB 工作环境 ………………………………………………… 3
　　1.1.2　MATLAB 基本命令 ………………………………………………… 7
1.2　MATLAB 基本数据类型 ………………………………………………… 8
　　1.2.1　变量和常量 …………………………………………………………… 8
　　1.2.2　字符串变量 …………………………………………………………… 9
1.3　MATLAB 基本运算 ……………………………………………………… 9
　　1.3.1　矩阵和数组运算 ……………………………………………………… 9
　　1.3.2　多项式运算 …………………………………………………………… 13
　　1.3.3　符号运算 ……………………………………………………………… 14
本章实践任务 …………………………………………………………………… 16

第2章　MATLAB 计算可视化及程序设计 …………………………………… 17
2.1　MATLAB 的基本绘图命令 ……………………………………………… 17
2.2　MATLAB 程序设计 ……………………………………………………… 19
　　2.2.1　程序流程控制 ………………………………………………………… 19
　　2.2.2　M 文件 ………………………………………………………………… 21
本章实践任务 …………………………………………………………………… 23

第3章　MATLAB 在工程数学中的应用 ……………………………………… 25
3.1　代数方程的求解 …………………………………………………………… 25
　　3.1.1　线性方程组的求解 …………………………………………………… 25
　　3.1.2　非线性方程组的求解 ………………………………………………… 27
3.2　曲线拟合 …………………………………………………………………… 29
3.3　插值运算 …………………………………………………………………… 31
　　3.3.1　一维插值 ……………………………………………………………… 31
　　3.3.2　二维插值 ……………………………………………………………… 33
3.4　数值积分和微分 …………………………………………………………… 35

3.4.1 数值积分 ……………………………………………………………… 35
3.4.2 数值微分 ……………………………………………………………… 38
3.5 常微分方程的求解 ………………………………………………………… 40
3.5.1 常微分方程的解析解 ………………………………………………… 40
3.5.2 常微分方程的数值解 ………………………………………………… 42
3.6 傅里叶变换 ………………………………………………………………… 44
3.6.1 傅里叶变换的命令函数 ……………………………………………… 44
3.6.2 快速傅里叶变换(FFT) ……………………………………………… 44
本章实践任务 ……………………………………………………………………… 45

第 4 章 Simulink 仿真应用实例 …………………………………………………… 47
4.1 Simulink 快速入门 ………………………………………………………… 47
4.1.1 Simulink 的工作环境 ………………………………………………… 48
4.1.2 模块基本操作 ………………………………………………………… 49
4.1.3 Simulink 常用模块库介绍 …………………………………………… 50
4.1.4 Simulink 仿真步骤 …………………………………………………… 52
4.2 电力电子电路的建模与仿真 ……………………………………………… 54
4.2.1 直流稳态电路的仿真分析 …………………………………………… 54
4.2.2 正弦交流电路的仿真分析 …………………………………………… 59
4.2.3 动态电路的仿真分析 ………………………………………………… 64
4.2.4 数字电路的仿真分析 ………………………………………………… 69
4.2.5 功率电子电路的仿真分析 …………………………………………… 73
本章实践任务 ……………………………………………………………………… 80

第 5 章 MATLAB 综合应用实例 …………………………………………………… 82
5.1 单级倒立摆 PD 控制器 MATLAB 仿真 ………………………………… 82
5.1.1 问题描述 ……………………………………………………………… 82
5.1.2 控制器设计 …………………………………………………………… 82
5.1.3 MALTAB 仿真 ……………………………………………………… 83
5.2 倒立摆 LQR 控制器 MATLAB 仿真 …………………………………… 86
5.2.1 S 函数介绍 …………………………………………………………… 86
5.2.2 问题描述 ……………………………………………………………… 87
5.2.3 控制器设计 …………………………………………………………… 88
5.2.4 MATLAB 仿真 ……………………………………………………… 88
5.3 移动机器人的 P+前馈控制 MATLAB 仿真 …………………………… 92
5.3.1 MATLAB Function 与 Function 模块介绍 ………………………… 92
5.3.2 问题描述 ……………………………………………………………… 92
5.3.3 控制器设计 …………………………………………………………… 93
5.3.4 MATLAB 仿真 ……………………………………………………… 94

5.4 单级倒立摆控制系统的 GUI 设计 ·· 97
　　5.4.1 GUI 介绍 ·· 97
　　5.4.2 演示界面的 GUI 设计 ·· 98
　　5.4.3 MATLAB 仿真 ··· 104
本章实践任务 ·· 105

第二篇　Altium Designer 实践训练

第 6 章　印制电路板及其设计软件 ·· 109
6.1 初识印制电路板 ·· 109
　　6.1.1 印制电路板的类型 ··· 109
　　6.1.2 印制电路板中的常用术语 ··· 110
　　6.1.3 印制电路板的设计流程 ··· 113
6.2 PCB 计算机辅助设计软件 ·· 114
　　6.2.1 PCB 设计软件介绍 ··· 114
　　6.2.2 Altium Designer 的功能特点 ··· 115
6.3 Altium Designer 的文件管理系统 ··· 116
　　6.3.1 Altium Designer 工程文件的组成 ·· 116
　　6.3.2 新工程及各类文件的创建 ··· 117
　　6.3.3 添加文件或移除文件 ··· 118
本章实践任务 ·· 119

第 7 章　原理图库和元件库的创建 ·· 120
7.1 原理图库常用绘图命令 ·· 120
7.2 元件原理图符号的绘制 ·· 122
　　7.2.1 手工绘制元件原理图符号 ··· 122
　　7.2.2 利用符号向导绘制元件原理图符号 ······································· 127
　　7.2.3 绘制含有子部件的元件原理图符号 ······································· 129
7.3 常见元件的封装 ·· 131
　　7.3.1 电阻、电容、电感元件的封装 ··· 131
　　7.3.2 二极管的封装 ··· 134
　　7.3.3 三极管的封装 ··· 135
　　7.3.4 芯片的封装 ··· 136
　　7.3.5 接插件的封装 ··· 137
7.4 PCB 元件库常用绘图命令 ·· 138
7.5 元件封装的绘制 ·· 140
　　7.5.1 手工绘制封装 ··· 140
　　7.5.2 利用 IPC 封装向导制作封装 ··· 143
7.6 元件原理图符号和封装的关联 ·· 149

7.7 封装管理器的使用 ……………………………………………………………… 152
本章实践任务 ……………………………………………………………………… 153

第 8 章 原理图设计 …………………………………………………………………… 156
8.1 原理图设计基础 ……………………………………………………………… 156
8.1.1 原理图设计流程 ………………………………………………………… 156
8.1.2 原理图规范化设置 ……………………………………………………… 157
8.2 元件的放置 …………………………………………………………………… 159
8.2.1 元件库的分类 …………………………………………………………… 159
8.2.2 查找并放置元件 ………………………………………………………… 161
8.2.3 元件属性的编辑 ………………………………………………………… 162
8.3 电气连接的放置 ……………………………………………………………… 163
8.3.1 导线的放置 ……………………………………………………………… 164
8.3.2 网络标签的放置 ………………………………………………………… 164
8.3.3 电源和接地符号的放置 ………………………………………………… 165
8.3.4 忽略 ERC 测试点的放置 ……………………………………………… 165
8.4 非电气对象的放置 …………………………………………………………… 166
8.5 原理图的编译及查错 ………………………………………………………… 167
8.6 原理图网络表的生成 ………………………………………………………… 170
本章实践任务 ……………………………………………………………………… 171

第 9 章 PCB 设计 ……………………………………………………………………… 176
9.1 PCB 设计流程 ………………………………………………………………… 176
9.2 PCB 设计环境简介 …………………………………………………………… 177
9.3 PCB 板框及定位孔设计 ……………………………………………………… 178
9.3.1 PCB 板框设计 …………………………………………………………… 178
9.3.2 定位孔设计 ……………………………………………………………… 178
9.4 原理图信息导入 PCB 文件的方法 …………………………………………… 179
9.5 PCB 设计常用规则的设置 …………………………………………………… 180
9.6 元件的布局 …………………………………………………………………… 186
9.6.1 布局的原则 ……………………………………………………………… 186
9.6.2 布局的基本操作 ………………………………………………………… 186
9.7 元件的布线 …………………………………………………………………… 190
9.7.1 布线的原则 ……………………………………………………………… 191
9.7.2 布线的基本操作 ………………………………………………………… 191
9.8 设计规则检查(DRC) ………………………………………………………… 197
9.9 生产文件的导出 ……………………………………………………………… 198
9.9.1 Gerber 文件的导出 ……………………………………………………… 198
9.9.2 BOM 文件的导出 ……………………………………………………… 201

9.9.3 丝印文件的导出 …………………………………………………………… 201
9.9.4 坐标文件的导出 …………………………………………………………… 201
本章实践任务 ………………………………………………………………………… 202

第10章 PCB综合设计实践 …………………………………………………… 203
10.1 多路波形信号发生器电路设计 …………………………………………… 203
10.1.1 电路功能分析 …………………………………………………………… 203
10.1.2 原理图设计 ……………………………………………………………… 203
10.1.3 PCB设计 ………………………………………………………………… 206
10.2 四人抢答器电路设计 ………………………………………………………… 207
10.2.1 电路功能分析 …………………………………………………………… 207
10.2.2 原理图设计 ……………………………………………………………… 207
10.2.3 PCB设计 ………………………………………………………………… 210
10.3 工程车语音预警电路设计 ………………………………………………… 211
10.3.1 电路功能分析 …………………………………………………………… 211
10.3.2 原理图设计 ……………………………………………………………… 211
10.3.3 PCB设计 ………………………………………………………………… 215
10.4 LED灯控制器电路设计 …………………………………………………… 216
10.4.1 电路功能分析 …………………………………………………………… 216
10.4.2 原理图设计 ……………………………………………………………… 216
10.4.3 PCB设计 ………………………………………………………………… 221
本章实践任务 ………………………………………………………………………… 224

参考文献 ……………………………………………………………………………… 227

第一篇　MATLAB实践训练

MATLAB 基础

【本章导学】

作为一款应用于科学与工程计算的软件,MATLAB 可以进行矩阵运算、数据和函数绘制、算法实现、用户界面创建、联合其他语言混合编程等操作,主要应用于工程计算、控制系统设计、通信系统、图像处理、信号检测等领域。

本章主要介绍 MATLAB 相关的基础知识,具体包括 MATLAB 软件的工作环境和基本命令、基本数据类型,并重点介绍 MATLAB 基本运算。通过本章的学习,读者能够掌握 MATLAB 软件的初步使用以及基本运算函数,可以解决学习和工作中常见的计算问题。

【学习目标】

(1) 熟悉 MATLAB 的工作环境以及基本命令;
(2) 掌握 MATLAB 变量的使用;
(3) 掌握矩阵和数组的运算;
(4) 熟悉多项式的基本运算;
(5) 掌握符号对象的创建和基本运算。

1.1 MATLAB 入门

MATLAB 软件版本发展很快,每年都会有新版本出现,它的开发者 MathWorks 公司在不断推出新版本的过程中,也在不断完善其软件功能,并针对各专业应用提供了功能丰富的工具箱,这些工具箱几乎涵盖了各类工程领域。读者在掌握了 MATLAB 软件的基本功能后,可以结合自己的专业应用进行深入学习。

本节以 MATLAB R2018b 为平台介绍 MATLAB 软件的工作环境,主要包括命令行窗口、历史命令窗口、工作区,以及 MATLAB 基本命令,让读者初步了解 MATLAB 软件的基本操作。

1.1.1 MATLAB 工作环境

启动 MATLAB 后,将会打开默认的工作界面,如图 1-1 所示,包括工具栏、路径栏、当前文件夹、命令行窗口和工作区。其中,工具栏以主页、绘图、APP 三组选项卡的形式来显示所有的命令功能。

电气电子工程软件实践教程

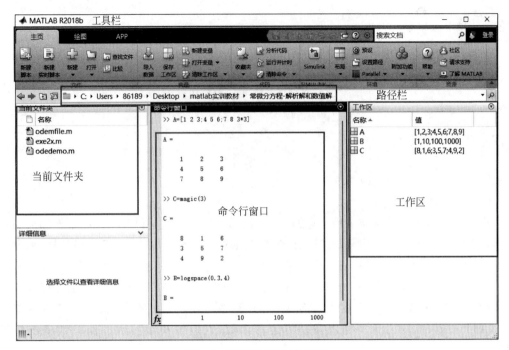

图 1-1　MATLAB 工作界面

1. 命令行窗口（Command Window）

命令行窗口是用户直接操作的界面窗口，在命令行窗口中可以直接输入各种 MATLAB 命令、函数和表达式，并可以显示除图形外的所有计算结果，相当于演草纸。命令行窗口中的符号"＞＞"是输入命令的提示符，左边的"fx"标记指出当前行的位置。命令行窗口采用不同的颜色来区别显示输入的命令、表达式、计算结果、字符串和关键词等。

选中命令行窗口中的某行命令，右击，弹出如图 1-2 所示的快捷菜单，可对选中的命令进行相应的操作，也可对窗口中的内容进行操作。

在 MATLAB 命令行窗口不仅可以对输入的命令进行编辑和运行，而且可以对已输入的命令进行回调、编辑和重运行，为此，MATLAB 提供了一些在命令行窗口中常用的编辑键，其作用如表 1-1 所示。

表 1-1　命令行窗口中常用的编辑键

编辑键	作用说明	编辑键	作用说明
↑	回调出已输入的前一个命令	Delete	删去光标后面的一个字符
↓	回调出已输入的后一个命令	Backspace	删去光标前面的一个字符
←	光标左移一个字符	Esc	清除当前行的全部内容
→	光标右移一个字符	Ctrl+C	中断 MATLAB 命令的运行
Home	光标移至当前行首	PageUp	向前翻阅当前窗口中的内容
End	光标移至当前行尾	PageDown	向后翻阅当前窗口中的内容

另外，在 MATLAB 中经常会使用到各种标点符号，常用的标点符号的功能如表 1-2 所示。

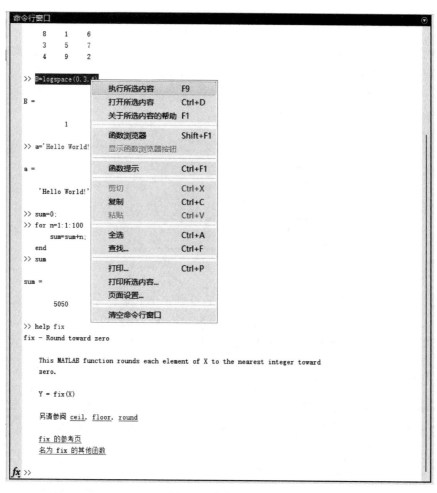

图 1-2 命令行窗口

表 1-2 常用标点符号的功能

名称	符号	功 能
逗号	,	输入变量之间的分隔符以及数组行元素之间的分隔符
点号	.	数值中的小数点
分号	;	用于不显示计算结果命令行的结尾以及数组元素行之间的分隔符
冒号	:	用于生成一维数值数组
百分号	%	用于注释的前面,在它后面的命令不需要执行
单引号	' '	用于括住字符串
圆括号	( )	用于引用数组元素;用于确定算术运算的先后次序;用于函数输入变量列表
方括号	[ ]	用于构成向量和矩阵;用于函数输出变量列表
续行号	…	用于把后面的行与该行连接以构成一个较长的命令

注意：MATLAB 不能识别中文标点符号,以上符号要在英文状态下输入；MATLAB 对大小写字母也是区别对待的,比如 A 和 a 不是同一个字母,使用软件时需注意。

2. 历史命令窗口（Command History）

如果想回调已输入的命令,在命令窗口提示符">>"后单击方向键↑,即可弹出浮动的历史命令窗口,如图 1-3 所示。

图 1-3　浮动的历史命令窗口

单击浮动的历史命令窗口右上角的 ⊙ 按钮,在弹出的快捷菜单中选择"停靠",可以将历史命令窗口固定在工作环境界面,在历史命令窗口中找到相关的命令后,双击可以直接在命令行运行,右击后在弹出的快捷菜单中可对该命令进行其他操作。

3. 工作区（Workspace）

工作区显示的是当前 MATLAB 工作空间中所有的变量名、数据结构、字节数和类型。双击某变量可以打开该变量的数值窗口进行查看或编辑,如图 1-4 所示,双击工作区中的 A 变量,显示的是"变量-A"窗口,A 是一个 3×3 的双精度浮点型数组;单击右键可以打开一个快捷菜单,其中包括一些绘图命令,如 plot、area、bar 等。

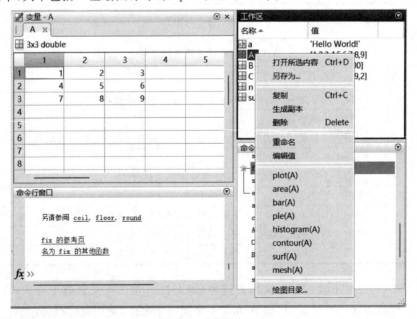

图 1-4　工作区窗口

1.1.2　MATLAB 基本命令

在 MATLAB 中,可以在命令窗口提示符">>"后直接输入控制命令并执行,表 1-3 给出了部分常用的命令及其功能说明。

表 1-3　MATLAB 部分常用命令

命令名称	功 能 说 明	命令名称	功 能 说 明
cd	显示或改变当前工作目录	exit	退出 MATLAB
disp	显示命令	help	帮助命令
clf	清除图像窗口的图形	demo	运行 MATLAB 演示程序
clear	清除内存中所有的或指定的变量和函数	who	列出当前工作内存中的变量
clc	清除命令行窗口中所有显示的内容	whos	列出当前工作内存中的变量详细信息(变量名、大小、类型、字节数)

在 MATLAB 中,用户可以根据需要对命令行窗口的字体风格、大小、颜色和数值计算结果的显示格式进行设置,在"主页"选项卡中单击"预设"按钮 ,会出现"预设项"对话框,如图 1-5 所示。

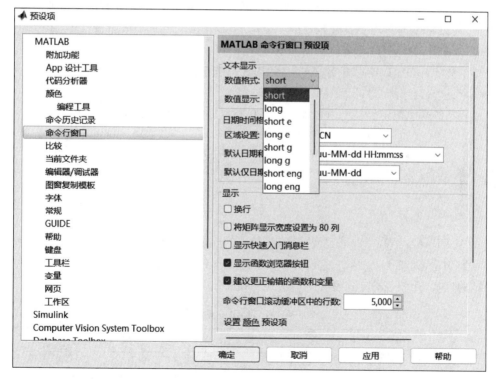

图 1-5　"预设项"对话框

在"预设项"对话框中,可以通过数值格式的下拉菜单进行数值显示格式的设置,也可以直接在命令行窗口输入"format"命令来进行数值显示格式的设置。

例如:

```
>> format short e
```

读者可以尝试以 π 为例,采用不同的数值显示格式,对比一下各种数值格式命令的输出形式有什么不同。

1.2 MATLAB 基本数据类型

MATLAB 一个很重要的功能应用就是数值运算。为供用户在不同情况下的使用,MATLAB 提供了多种数据类型,常用的有:数值(numeric)、字符(char)、逻辑(logical)、单元(cell)、结构体(struct)等。MATLAB 的数据类型的最大特点是每一种类型都是以数组为基础,实际上是把每种类型的数据作为数组来处理。

1.2.1 变量和常量

1. 变量

在 MATLAB 中,数据通过变量存储在内存中。MATLAB 语言并不要求事先对所使用的变量进行声明,也不需要指定变量类型,它会自动根据赋予变量的值或对变量进行的操作来识别变量的类型。在赋值过程中,如果赋值变量已存在,MATLAB 语言将使用新值代替旧值,并以新值类型代替旧值类型。

MATLAB 中变量的命名应遵循如下规则:

(1) 变量名必须以字母开头,变量名的组成只能是任意字母、数字或下划线;
(2) 变量名区分字母的大小写;
(3) 变量名能识别的长度由各 MATLAB 版本规定,一般建议不超过 31 个字符;
(4) 关键字(如 if,while)不能作为变量名。

变量直接赋值语句:<变量名>=<表达式>。如果在语句中省略了变量名和等号,计算的结果自动赋给名为"ans"的变量。

2. 常量

在 MATLAB 中有一些固定变量,这些特殊的固定变量称为常量,由系统默认给定的一个符号来表示,如表 1-4 所示。它们在工作空间看不到,但可以直接取用。因为这些常量具有特定的意义,用户在自定义变量名时应避免使用。

表 1-4 MATLAB 中的常量

常量符号	常 量 值	常量符号	常 量 值
pi	圆周率的双精度浮点表示	i 或 j	$i=j=\sqrt{-1}$,为虚数单位
Inf 或 inf	正无穷大($+\infty$),如 1/0	NaN	不定式,代表"非数值量",如 $0/0, \infty/\infty, 0\times\infty$
flops	浮点运算数	eps	浮点数的最小分辨率,计算机的最小数
realmax	最大的可用正实数	nargin	函数的输入变量数目
realmin	最小的可用正实数	nargout	函数的输出变量数目

1.2.2 字符串变量

在 MATLAB 中,字符串是作为字符数组来引入的,必须用单引号括起来。字符串是按行向量形式进行存储的,每一个字符(包括空格)是以其 ASCII 码的形式存放的。

例如:

```
>> str1 = 'Hello World!'    %创建字符串
str1 =
'Hello World!'
>> whos                     %列出当前工作内存中的变量详细信息(变量名、大小、类型、字节数)
  Name      Size       Bytes   Class     Attributes
  str1      1x12        24     char
>> double(str1)             %用 double 函数查看每一个字符的 ASCII 码
ans =
  72  101  108  108  111   32   87  111  114  108  100   33
```

表 1-5 所列的是部分 MATLAB 字符串处理函数。

表 1-5　部分字符串处理函数

函　数	功　能	函　数	功　能
length	用来计算字符串长度	char	用来将 ASCII 码转换成字符型
double	用来查看字符串的 ASCII 码存储内容,包括空格	findstr(x,x1)	寻找在某个长字符串 x 中的子字符串 x1,返回其起始位置
eval(x)	执行字符串,可以将字符串型转换成数值型	deblank(x)	删除字符串尾部的空格
class 或 ischar	用来判断某一个变量是否为字符串,class 函数返回 char,ischar 函数返回 1,表示为字符串	strcmp(x,y)	比较字符串 x 和 y 的内容是否相同,返回值如果为 1 则相同,为 0 则不同

1.3　MATLAB 基本运算

1.3.1　矩阵和数组运算

MATLAB 最基本的功能就是矩阵和数组的运算。

矩阵:矩阵是包含 $m \times n$ 个元素的矩形结构,单个元素构成的标量以及多个元素构成的行向量或列向量都是矩阵的特殊形式。

数组:是指 n 维的数组,为矩阵的延伸,其中矩阵和向量都是数组的特例。

1. 矩阵的创建

1) 直接输入

当需要的矩阵比较简单时,可以通过键盘直接输入。直接输入矩阵应遵循以下基本规则:

(1) 矩阵元素应用方括号[ ]括起来;

(2) 每行内的元素间用逗号或空格隔开；

(3) 行与行之间用分号或回车键隔开；

(4) 元素可以是数值或表达式，但表达式中不可以包含未知的变量。

例如：

```
>> A = [1 2 3;4 5 6;7 8 3*3]
A =
     1     2     3
     4     5     6
     7     8     9
```

2) 由语句生成行向量

MATLAB 中有多种方法生成行向量，除了直接输入以外，还有以下几种常用方法。

(1) from:step:to 语句

说明：from、step 和 to 分别表示起始值、步长和终值。当 step 省略时，则默认为 step=1。

例如：

```
>> A = [1:3;4:6;7:9]
A =
     1     2     3
     4     5     6
     7     8     9
```

(2) linspace 函数

说明：linspace 函数用来生成线性等分向量。调用方式：linspace(a,b,n)，其中，a、b、n 分别表示起始值、终值和元素个数。n 如果省略，则默认值为 100。

例如：

```
>> A = [linspace(1,3,3);linspace(4,6,3);linspace(7,9,3)]
A =
     1     2     3
     4     5     6
     7     8     9
```

(3) logspace 函数

说明：logspace 函数用来生成对数等分向量。调用方式：logspace(a,b,n)，其中，a、b、n 分别表示起始值、终值和数据个数。n 如果省略，则默认值为 50。生成从 10^a 到 10^b 之间按对数等分的 n 个元素的行向量。

例如：

```
>> B = logspace(0,3,4)
B =
     1    10   100  1000
```

3) 由函数创建特殊矩阵

MATLAB 提供大量的函数用于创建一些特殊的矩阵，表 1-6 列出了部分常见的矩阵生成函数，想要了解其他的矩阵生成函数，读者可进一步查阅相关帮助文档。

表 1-6 常见的矩阵生成函数

函 数 名	功 能	函 数 名	功 能
zeros(m,n)	产生 m×n 的全 0 矩阵	rand(m,n)	产生均匀分布的随机矩阵
ones(m,n)	产生 m×n 的全 1 矩阵	randn(m,n)	产生正态分布的随机矩阵
eye(m,n)	产生 m×n 的单位矩阵	true(m,n)	产生 m×n 的全 1 逻辑矩阵
magic(N)	产生 N 阶魔方矩阵	false(m,n)	产生 m×n 的全 0 逻辑矩阵

2. 矩阵元素的标识

1) 全下标方式

矩阵中的元素可以用全下标方式标识，即由行下标和列下标表示，例如 1 个 m×n 的矩阵 A 的第 i 行第 j 列的元素表示为 A(i,j)。

注意：给矩阵元素赋值时，如果行或列超出矩阵的大小，则 MATLAB 自动扩充矩阵，扩充部分以 0 填充。

2) 单下标方式

矩阵中的元素也可用单下标方式来标识，即先把矩阵的所有列按先左后右的次序连接成"一维长列"，然后对元素位置进行编号。以 m×n 的矩阵 A 为例，元素 A(i,j) 对应的单下标方式为 A(s)，s=(j−1)×m+i。

矩阵元素的标识如图 1-6 所示。

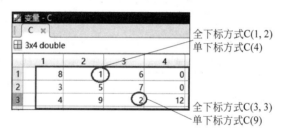

图 1-6 矩阵单个元素的标识

例如：

```
>> C = magic(3)          %产生 3 阶魔方矩阵
C =
     8     1     6
     3     5     7
     4     9     2
>> C(3,3)                %全下标方式取出元素
ans =
     2
>> C(3,4) = 12           %给矩阵元素赋值,超出 3 阶魔方矩阵的大小,自动扩充矩阵
C =
     8     1     6     0
     3     5     7     0
     4     9     2    12
>> C(9)                  %单下标方式取出元素
ans =
     2
```

3）子矩阵块的产生

子矩阵是从对应矩阵中取出一部分元素构成的，取出子矩阵的方法也有全下标方式和单下标方式，具体如图 1-7 所示。

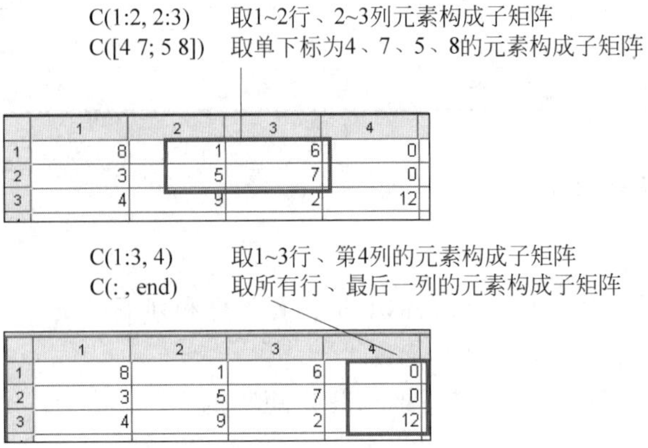

图 1-7　子矩阵的标识

在 MATLAB 中可以对矩阵的单个元素、子矩阵块和所有元素进行删除操作，方法就是将其赋值为空矩阵（用[ ]表示）；还可以对矩阵的单个元素、子矩阵块和所有元素进行修改或赋值操作。此外，MATLAB 还提供了矩阵翻转函数，如表 1-7 所示。

表 1-7　常见的矩阵翻转函数

函数名	功　能	函数名	功　能
triu(A)	生成矩阵的上三角阵，其余元素补 0	flipud(A)	矩阵沿水平轴上下翻转
tril(A)	生成矩阵的下三角阵，其余元素补 0	fliplr(A)	矩阵沿垂直轴左右翻转
rot90(A)	矩阵逆时针旋转 90°	flipdim(A, dim)	矩阵沿特定某维元素翻转：dim＝1，按行维翻转；dim＝2，按列维翻转

3. 矩阵和数组的运算

MATLAB 的矩阵和数组运算功能非常强大，包括矩阵和数组的算术运算（加、减、乘、除、乘方）、矩阵和数组的转置、数组的关系运算、数组的逻辑运算等，这里重点介绍算术运算以及常见的矩阵运算函数。

需强调的是，矩阵和二维数组从外观以及数据结构上看没有区别，但是矩阵的运算规则是从矩阵的整体出发，按线性代数的运算法则进行，而数组运算是从数组的单个元素出发，按数组的元素逐个进行。矩阵和数组基本算术运算的对照情况如表 1-8 所示。

表 1-8　矩阵和数组基本算术运算对照表

矩　阵　运　算		数　组　运　算	
命令形式	功　能	命令形式	功　能
A＋B	对应元素相加，要求矩阵大小相同	A＋B	对应元素相加，要求数组大小相同
A－B	对应元素相减，要求矩阵大小相同	A－B	对应元素相减，要求数组大小相同

续表

矩阵运算		数组运算	
命令形式	功　　能	命令形式	功　　能
A*B	矩阵相乘,要求矩阵A的列数必须等于矩阵B的行数,除非其中有一个是标量	A.*B	数组相乘,表示数组A和B中的对应元素相乘,要求数组大小相同
A\B	矩阵左除,要求矩阵A和矩阵B的行数必须相同。一般来说,$X=A\backslash B$是方程$A*X=B$的解,$A\backslash B=A^{-1}*B$	A.\B	数组左除,对应元素相除,用B中元素除以A中元素
A/B	矩阵右除,$A/B=A*B^{-1}$	A./B	数组右除,对应元素相除,用A中元素除以B中元素
A^n	方阵A自乘n次	A.^n	数组A中的每个元素自乘n次

MATLAB提供了许多矩阵运算函数,比如计算方阵行列式的值,求矩阵的秩、特征值和特征向量,以及大量的矩阵分解函数,使得很多复杂的运算变得简单,如表1-9所示。

表1-9　矩阵运算函数

函　数　名	功　　能	函　数　名	功　　能
det(A)	求方阵行列式的值	inv(A)	求矩阵的逆矩阵
rank(A)	求矩阵的秩	diag(A)	产生矩阵的对角阵
[v,d]=eig(A)	计算矩阵特征值和特征向量,v为特征向量,d为特征值	[l,u]=lu(A)	对矩阵进行LU分解
		[q,r]=qr(A)	对矩阵进行QR正交三角分解

1.3.2　多项式运算

多项式的运算是工程应用中经常遇到的问题,比如对实验数据的曲线拟合和插值、控制系统分析,都会用到多项式的相关概念。MATLAB提供了一些专门用于处理多项式的函数,用户可以应用这些函数对多项式进行操作。

1. 多项式的表示

多项式按降幂排列为:$p(x)=a_n x^n + a_{n-1} x^{n-1} + \cdots + a_1 x + a_0$。其系数行向量为:$p=[a_n \quad a_{n-1} \quad \cdots \quad a_1 \quad a_0]$。那么在MATLAB中,可以用长度为$n+1$的行向量来表示这个多项式。即任意的多项式都是用一个行向量来表示的,将多项式的系数按降幂次序存放在行向量中。注意,如果多项式中缺某幂次项,则用0代替该幂次项的系数。

例如,多项式$p(x)=2x^4+5x^3-6x-3$可以用系数行向量表示为:

```
>>p=[2  5  0  -6  -3]
```

2. 多项式的基本运算

MATLAB提供了一些多项式的运算函数,如表1-10所示,但没有提供专门进行多项式加减运算的函数,实际上多项式的加减就是其对应的系数行向量的加减运算。

例如,多项式$p_1(x)=2x^3-x^2+3$,$p_2(x)=2x+1$,对它们进行多项式加减运算:

```
p1 = [2 -1 0 3];
p2 = [0 0 2 1];        % 如果两个多项式次数不同,则应该把低次多项式中系数不足的
                       % 高次项用 0 补足,然后进行加减运算
p = p1 + p2            % 多项式加运算,结果为所得多项式系数行向量 p
P = poly2sym(p)        % 将 p 表示的多项式转化为用符号表示的多项式
pj = p1 - p2           % 多项式减运算,结果为所得多项式系数行向量 pj
PJ = poly2sym(pj)      % 所表示的多项式转化为符号多项式形式,便于阅读
```

表 1-10 部分多项式运算函数

调用格式	功　　能
c＝conv(a,b)	多项式的乘法运算
[q,r]＝deconv(c,a)	多项式的除法运算,q 和 r 分别为商多项式和余多项式
y＝polyval(p,x)	用来计算多项式在 x 处的值,p 是多项式的系数行向量,x 是指定自变量的值,可以是标量、向量或矩阵。如果 x 是向量或矩阵,则该函数将对向量或矩阵中的每个元素计算多项式的值,采用的是数组运算(点运算),结果是和 x 同维的向量或矩阵
x＝roots(p)	用于对多项式求根,即求多项式的零点,其中 p 为多项式的系数行向量
p＝poly(x)	通过根创建多项式,根据 x 的不同形式,它有两种返回情况: 若 x 为向量,则返回值是多项式的系数行向量,该多项式的根为 x; 若 x 为 n×n 的矩阵,则返回值 p 将是一个含有 n＋1 个元素的行向量,也就是该矩阵特征多项式的系数
[r,p,k]＝residue(b,a)	将分式表达式进行多项式的部分分式展开,该函数命令是求多项式之比 b(s)/a(s)的部分分式展开,a 和 b 分别是分母和分子多项式的系数行向量;返回值 r 为 [$r_1\ r_2\cdots r_n$] 留数行向量,p 为 [$p_1\ p_2\cdots p_n$] 极点行向量,k 是直项行向量

1.3.3　符号运算

符号运算(解析运算)也是 MATLAB 一个重要的应用。符号运算可以对未赋值的符号对象(可以是常数、变量、表达式)进行运算和处理,计算结果以标准的符号形式表示。

1. 符号对象的创建

符号运算的第一步就是建立符号对象,然后才能进行相应的符号运算。
1) 符号常量、符号变量、符号矩阵的创建

```
% 用 sym 函数创建符号常量
s0 = sym(1/3)
s1 = sin(sym(pi))      % 利用符号常量形式可以求得 sin(pi)的精确值 0

% 用 syms 函数创建符号变量,注意多个变量间用空格隔开
syms a b c d
A1 = [a b;c d]         % 用已存在的符号变量创建符号矩阵
```

2) 符号表达式的创建

```
syms a b c x
```

```
f1 = a * x^2 + b * x + c        % 创建符号表达式 f1
s = symvar(f1)                  % 找出 f1 中的所有符号变量
s1 = symvar(f1,1)               % 找出 f1 中的第一个符号变量

syms y
f2 = y^3 - 1                    % 创建符号表达式 f2
factor(f2)                      % 将 f2 变换为因式形式
subs(f2,y,1)                    % 将 f2 中的 y 换成 1
subs(f2,y,[1 2])                % 将 f2 中的 y 分别换成 1 和 2
```

3) 符号函数的创建

```
% 用 syms 函数创建符号函数
syms f(x,y)
f(x,y) = x^2 + y^2
f(3,2)                          % 计算 f(3,2)

% 用 symfun 函数创建符号函数
syms x y
f = symfun(x^2 + y^2,[x y])     % 语法:因变量 = symfun(公式,[自变量1 自变量2])
f([3,4],[2,3])                  % 分别计算 f(3,2)和 f(4,3)
f(3:6,2:5)                      % 将数组代入,求符号函数的值
```

2. 符号对象的基本运算

在 MATLAB 中可以对符号对象进行很多运算,比如求极限、求微积分、解方程以及傅里叶变换等,后续 3.1 节、3.5 节和 3.6 节会有详细的应用介绍,这里简单介绍求极限、微分及积分命令。

```
% 求极限
syms x
f1 = limit((x^2-3*x+2)/(x-2),x,2) % 计算 x 逼近 2 时,(x^2-3*x+2)/(x-2)的极限值

% 求微分
syms x y
f = sin(x)^2
diff(f)                         % 对单变量表达式求微分
g = sin(x*y)
diff(g)                         % 对于多变量表达式,可以对指定变量求偏微分,当不指定时,
                                % 按各变量在字母表中离 x 近的程度选择
diff(g,y)                       % 对指定变量 y 求偏微分
diff(g,y,2)                     % 对 y 求二阶偏微分,等同于下行命令
diff(diff(g,y),y)               % 对 y 求二阶偏微分
diff(g,x,y)                     % 求混合偏微分,先对 x 求偏微分,再对 y 求偏微分,等同于下行命令
diff(diff(g,x),y)               % 求混合偏微分

% 求积分
syms x
h = sin(x)/(sin(x) + cos(x))
```

```
int(h,x)            %求 h 关于 x 的不定积分
int(h,x,0,pi/2)     %求 h 关于 x 在[0,pi/2]上的定积分
```

本章实践任务

1. 在命令行窗口的提示符">>"后面输入"doc",打开 MATLAB 文档,从左侧的类别栏中打开 MATLAB 类,再进一步打开"MATLAB 快速入门""语言基础知识"或"数学"等,通过该操作进一步熟悉 MATLAB 软件的使用,并可以单击"示例",运行示例演示程序,了解 MATLAB 的功能。

2. 继第 1 题,单击"函数",了解"矩阵和数组"相关的函数命令。

3. 已知矩阵 $A = \begin{bmatrix} 7 & 2 & 1 & -2 \\ 9 & 15 & 3 & -2 \\ -2 & -2 & 11 & 5 \\ 1 & 3 & 2 & 13 \end{bmatrix}$,试求矩阵 A 的秩、行列式和逆矩阵。

4. 输入矩阵 $A = \begin{bmatrix} 1 & 2 & 3 \\ 8 & 6 & -5 \\ 4 & 7 & 1 \end{bmatrix}$,使用全下标方式取出元素"8",使用单下标方式取出"3",取出后两行的子矩阵块。

5. 已知矩阵 $A = \begin{bmatrix} 4 & 12 & 20 \\ 12 & 45 & 78 \\ 20 & 78 & 136 \end{bmatrix}, B = \begin{bmatrix} 1 & 2 & 3 \\ 4 & 5 & 6 \\ 7 & 8 & 9 \end{bmatrix}$,执行下列的矩阵运算命令,并回答有关的问题。

   (1) A+5*B 和 A-B+I 分别是多少(其中 I 为单位矩阵)?

   (2) A.*B 和 A*B 将分别给出什么结果?它们是否相同?为什么?

6. 多项式 $a(x)=5x^4+4x^3+3x^2+2x+1, b(x)=3x^2+1$,计算 $c(x)=a(x)b(x)$,并计算 $c(x)$ 的根。当 $x=2$ 时,计算 $c(x)$ 的值;并将 $b(x)/a(x)$ 进行部分分式展开。

7. 以 $\cos\dfrac{\pi}{2}$ 为例比较符号型常数和数值常数的区别。

8. 已知符号函数 $f=ax^3+by^2+cy+d$,分别对 x、y、c、d 进行微分,对 y 趋向于 1 求极限,并计算对 x 的二次微分,用 findsym 命令得出符号变量。(在命令行窗口输入"help findsym"了解该命令的使用方法)。

9. 求极限 $\lim\limits_{x \to 0^+}(\cos\sqrt{x})^{\frac{\pi}{x}}$。

10. 求定积分 $\int_1^{\infty} \dfrac{\sqrt{x}}{(1+x)^2}\mathrm{d}x$ 和 $\int_0^{\pi}\sqrt{\sin x - \sin^3 x}\,\mathrm{d}x$。

MATLAB 计算可视化及程序设计

【本章导学】

在科学研究和工程实践中,利用 MATLAB 的数值计算和符号计算,将会得到大量的数据,而抽象的数据很难从中找出直观的规律。为此,MATLAB 提供了丰富的绘图命令函数,可以将大量的数据通过图形表示出来。另外,MATLAB 作为一种高级应用软件,除了可以在命令窗口中编写命令行以外,还可以生成自己的程序文件——M 文件,为了充分发挥 MATLAB 的功能,必须掌握其程序设计。

本章首先介绍 MATLAB 二维图形的基本绘制方法,以及如何利用线型、颜色和数据点标识来表现不同数据的特征;而后介绍 MATLAB 程序设计相关内容,主要包括其支持的流程控制结构以及 M 文件的编程方式。

【学习目标】

(1) 掌握 MATLAB 二维图形的绘制;
(2) 掌握 MATLAB 的程序流程控制结构;
(3) 掌握 M 文件的结构。

2.1 MATLAB 的基本绘图命令

二维图形是 MATLAB 图形处理的基础,同时也是在绝大多数数值计算和符号计算中广泛应用的图形处理方式。在二维图形绘制命令中,最基本的命令是 plot 命令,其他二维图形绘制命令绝大多数是以 plot 命令为基础构造的。二维绘图常用命令如表 2-1 所示。

表 2-1 二维绘图常用命令

命令	基本调用格式	说明
plot	plot(x,y)	x,y 都是向量,则以 x 中元素为横坐标、y 中元素为纵坐标作平面曲线,此时 x,y 必须具有相同长度
plot	plot(x,y,'s')	s 为用单引号括起来的字符串,用来指定图形的属性,具体通过使用表 2-2 中的符号组成字符串,来控制所画线的线段类型、数据点标记、颜色
plot	plot(x1,y1,x2,y2…)	xi 与 yi 成对出现,将分别按顺序取两数据 xi,yi 进行画图。用这种形式可以在同一窗口绘制多条曲线
plotyy	plotyy(x1,y1,x2,y2)	用来绘制双纵坐标二维图,左纵轴用于(x1,y1)数据,右纵轴用于(x2,y2)数据,绘制两条曲线,坐标轴的范围、刻度均自动产生,适用于两组数据横坐标相同而纵坐标不是一个数量级的情况
subplot	subplot(m,n,p)	子图分割命令,m 表示行,n 表示列,p 表示绘图序号,按从左至右、从上至下排列

plot 命令允许在同一幅图上同时绘制多条曲线,为了清晰地区分这些曲线,绘图命令中字符串's'可以用来指定图形属性,包括线段类型、数据点标识、颜色,如表 2-2 所示。

表 2-2　图形属性设置选项

类　别	符　号	定　义	类　别	符　号	定　义
线　型	-	实线(默认)	标　识	.	实点
	:	点线		o	圆圈
	-.	点划线		x	叉
	--	虚线		*	星号
颜　色	y	黄色		+	加号
	m	紫色		s	方格
	g	绿色		d	菱形
	b	蓝色		p	五角星
	c	青色		v	下三角
	w	白色		^	上三角
	r	红色		<	左三角
	k	黑色		>	右三角

MATLAB 还有一些对图形加上各种注解与处理的命令,如表 2-3 所示。

表 2-3　图形加注命令

命　令	调用格式	功　能
title	title('string')	给图形加标题
xlable	xlable('string')	给 x 轴加标注
ylable	ylable('string')	给 y 轴加标注
text	text(x, y,'string')	在图形指定位置加标注
gtext	gtext('string')	将字符串加到图形中鼠标所指的位置
legend	legend('string1','string2')	添加图例
axis	axis([xmin xmax ymin ymax])	控制坐标轴的刻度
grid	grid on/off	打开或关闭坐标网络线
box	box on/off	打开或关闭坐标边框
hold	hold on/off	保持或关闭上次的图形对象和坐标系
figure	figure(n)	使得多个图形窗口同时打开,n 为图形窗口编号

【例 2-1】 已知单位负反馈系统的开环传递函数为 $G(s)=\dfrac{\omega_n^2}{s(s+2\zeta\omega_n)}$,其中 $\omega_n=20$。绘制阻尼比 ζ 分别为 0.1、0.4、0.7、1.0 时的单位阶跃响应。

程序如下:

```
s = tf('s')                                    %传递函数 s 定义
omegan = 20;
zeta = [0.1 0.4 0.7 1.0];
for i = 1:1:length(zeta)
    G = omegan * omegan/(s * (s + 2 * zeta(i) * omegan));    %开环传递函数
    Gc = feedback(G,1, - 1);                   %单位负反馈闭环传递函数
    [y,t] = step(Gc,3);                        %单位阶跃响应,3 秒
```

```
        hold on
        switch i                                    % 画图
            case 1
                plot(t,y,'r','linewidth',1.5)
            case 2
                plot(t,y,'g-- ','linewidth',1.5)
            case 3
                plot(t,y,'b:','linewidth',1.5)
            case 4
                plot(t,y,'k-- ','linewidth',1.5)
        end
    end
title('阻尼比不同时二阶系统的阶跃响应曲线','FontSize',20)
xlabel('时间 t/s','FontSize',20)
ylabel('幅值','FontSize',20)
legend('\zeta = 0.1','\zeta = 0.4','\zeta = 0.7','\zeta = 1')
```

运行结果如图 2-1 所示。

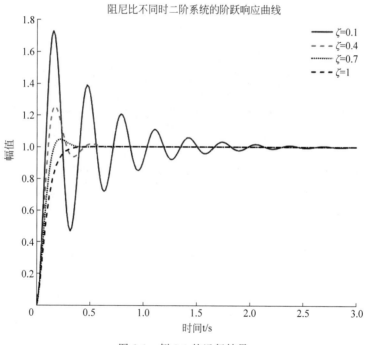

图 2-1 例 2-1 的运行结果

2.2 MATLAB 程序设计

2.2.1 程序流程控制

作为一门语言,MATLAB 同样支持程序设计所需要的各种结构,并提供了相应的指令语句,MATLAB 程序结构与其他高级语言类似。

1. 顺序结构

顺序结构是最简单的程序结构,程序的执行顺序就是指令语句的编写顺序。

2. 循环结构

循环结构由 for 或 while 语句引导,用 end 结束,这两个语句之间的部分称为循环体。

(1) for 循环语句结构

```
for 循环变量 = V
    循环体
end
```

说明:V 一般为行向量,循环变量每次从 V 向量中取一个数值,执行一次循环体的内容,如此下去,直至执行完 V 向量中所有的分量,将自动结束循环体的执行。循环次数即是 V 的列数。

(2) while 循环语句结构

```
while 条件表达式
    循环体
end
```

说明:while 循环语句结构的条件表达式是一个逻辑表达式。只要其值为真(非零),就自动执行循环体;一旦表达式的值为假,就结束循环。

两种语句的区别:for 循环的循环次数确定,而 while 循环的循环次数不确定。

3. 条件转移结构

条件转移结构包括 if-else 语句和 switch 语句,每个语句的实现都是要先进行一定的逻辑判断,然后有选择地执行各个语句。

(1) if-else 语句结构

```
if 条件表达式 1
    语句段 1
elseif 条件表达式 2
    语句段 2
else
    语句段 3
end
```

说明:如果条件表达式 1 不满足,再判断 elseif 的条件表达式 2,如果所有的条件均不满足,则执行 else 的语句段 3。可以扩展多个 elseif 条件表达式及相应语句段。

(2) switch 语句结构

```
switch 开关表达式
    case 表达式 1
        语句段 1
    case 表达式 2
        语句段 2
        ⋮
```

```
        otherwise
            语句段 n
end
```

说明：将开关表达式依次与 case 后面的表达式进行比较，如果表达式 1 不满足，则与下一个表达式 2 比较，如果都不满足，则执行 otherwise 后面的语句段 n；一旦开关表达式与某个表达式相等，则执行其后面的语句段。

4. 流程控制语句

（1）break 命令

break 命令可以使 for、while 或 if 语句强制终止，跳出该结构，执行 end 后面的命令。

（2）continue 命令

continue 命令用于结束本次 for 或 while 循环，而继续进行下次循环。

（3）pause 命令

pause 命令用来暂时停止程序运行，直到按下回车键后继续执行程序，pause(n)表示暂停 n 秒。

2.2.2 M 文件

对于一些简单的命令，可以直接在命令行窗口（Command Window）中输入，但在进行大量的重复性计算和输入时，靠直接输入非常烦琐，为此，MATLAB 提供了 M 文件的编程方式，提高了程序的可读性。M 文件的扩展名为".m"形式，是一个 ASCII 码文本文件，任何文字处理软件都可以对它进行编写和修改。M 文件有两种形式：脚本文件和函数文件。函数文件是 MATLAB 程序设计的主流。

1. M 文件编辑器

MATLAB 提供了 M 文件编辑器作为编辑和调试 M 文件的工作界面，在工作界面环境中，单击工具栏，选择"主页"→"新建"→"脚本"或者"函数"，进入 MATLAB 的 M 文件编辑器，如图 2-2 所示，左边为 M 函数文件编辑器，右边为 M 脚本文件编辑器。

该界面除了允许编辑源程序外，还可以通过"编辑器"选项卡对源程序进行调试，调试过程中如果源程序有错误，则会在命令行窗口给出错误提示。

2. 函数文件

通过图 2-2 发现，M 函数文件的第一行必须以"function"引导，这是 M 函数文件必有的，M 脚本文件没有，第一行叫函数声明行，指定了函数名和输入、输出变量。函数名建议和文件名一致，当不一致时，MATLAB 以文件名为准；输出变量紧跟在"function"之后，常用方括号括起来（若仅有一个输出参量，则无须方括号）；输入变量紧跟在函数名之后，用圆括号括起来；多个输入、输出变量之间用","分隔。

M 函数文件的基本语法为：

```
function [<输出变量列表>] = <函数名>(<输入变量列表>)
    % 注释说明语句
```

    <函数体语句>
    end

图 2-2　M 文件编辑器

【例 2-2】　已知圆柱体半径 r 和高 h，编写一个求圆柱表面积和体积的函数文件。

```
function [S,V] = Cylinder_SV(r,h)
% 函数声明,输入变量为 r、h,输出变量为 S、V
S = 2 * pi * r * (r + h)        % 求表面积公式
V = pi * r^2 * h                % 求体积公式
end
```

比如，半径 r=2，高 h=3，则在命令行窗口直接调用函数名，输入如下命令，即可得出结果。

```
>> Cylinder_SV(2,3);    % r = 2,h = 3
S =
    62.8319
V =
    37.6991
```

注意，一个 M 函数文件有一个主函数，可以从该 M 文件外部调用，其他函数都是局部函数（子函数），只能被 M 文件中的函数调用；主函数命名最好和 M 文件名相同，如果不同，则调用时应该使用 M 文件名（不带扩展名）。M 函数文件保存在当前路径下，也就是准备调用这个 M 函数文件的路径。

【例 2-3】　编写 M 函数文件，统计某班学生的某门课成绩在优、良、中、及格和不及格这 5 个分数段的人数，利用子函数实现该功能。

```
function mark_count( )          % 主函数,成绩统计
x = input('请输入成绩:')        % 按行向量形式输入成绩
count(x);                       % 调用统计各个分数段人数的子函数
end

function count(x)               % 子函数,统计各个分数段人数
n = size(x);
% 求输入的成绩行向量大小,如果有 10 人,则为 1 行 10 列,n(1) = 1,n(2) = 10
z = zeros(1,5);
```

```
    % z 矩阵,为 1 行 5 列全 0 行向量,从上到下依次用来存放各个分数段人数
    for i = 1:n(2)                    % for 循环结构,执行次数为人数
        switch fix(x(i)/10);          % fix( )取整函数,x(i)每次循环按顺序取每一个学生分数
            case {9,10}
                z(1) = z(1) + 1;
            case 8
                z(2) = z(2) + 1;
            case 7
                z(3) = z(3) + 1;
            case 6
                z(4) = z(4) + 1;
            otherwise
                z(5) = z(5) + 1;
        end
    end
    disp('优、良、中、及格、不及格的人数为:')   % disp( )显示命令
    disp(z)
end
```

本章实践任务

1. 把图形窗口分割为 2 行 2 列,在子图 1 中绘制 sinc 函数的图像,已知 sinc 函数为 $f(t)=\dfrac{\sin t}{t}$, $t\in[-10\pi,10\pi]$,要求线条颜色为红色;在子图 2 中绘制曲线 $y1=0.2\mathrm{e}^{-0.5t}\cos(4\pi t)$ 和 $y2=0.2\mathrm{e}^{-0.5t}\cos(\pi t)$,用两种不同颜色的实线绘制,并添加图例;在子图 3 中绘制函数 $g(t)=t\sin t$, $t\in[-10,10]$ 的图形,要求线条颜色为黑色;在子图 4 中绘制 $\begin{cases}x=\sin(t)\\y=\cos(t)\end{cases}$, $t\in[0,2\pi]$ 的图形。效果参考图 2-3。

2. 编写 M 脚本文件,分别用 for、while 循环求 $\sum\limits_{i=1}^{50}2^i$ 的值。

3. 编程求 3 阶魔方矩阵大于 5 的元素的平方根。

4. 求[100,200]之间第一个能被 21 整除的整数(提示:使用流程控制语句 break)。

5. 一个三位整数各位数字的立方和等于该数本身则称该数为水仙花数,输出全部水仙花数。

6. 令 $y=f(n)=\sum\limits_{i=1}^{n}i^2$,求使得 $y\leqslant 2000$ 的最大的正整数 n 和相应的 y 值。本题用函数文件求解。

7. 编写 MATLAB 程序文件来计算下列分段函数的值,程序文件名为"fun4"。要求在命令窗口中命令提示符后输入 fun4,按回车键能显示"x=";此时输入任意的 x 值,按回车键后能显示出"y="和 y 的具体值。

$$y=\begin{cases}x, & x<-3\\ 2x-1, & -3\leqslant x\leqslant 15\\ 3x-11, & x>15\end{cases}$$

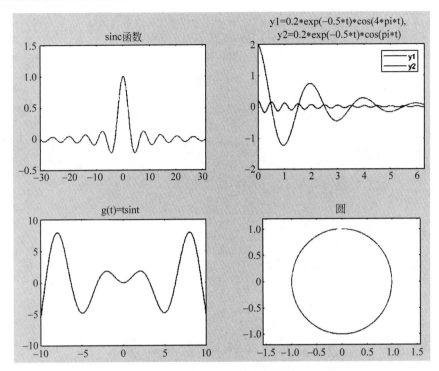

图 2-3　二维曲线绘制参考图

8. 已知二阶系统的时域响应为 $y=1-\dfrac{1}{\sqrt{1-\xi^2}}\mathrm{e}^{-\xi x}\sin(\sqrt{1-\xi^2}\,x+a\cos\xi)$，在同一窗口叠绘 4 条二阶系统时域曲线（ζ 分别为 0、0.3、0.5、0.707），效果如图 2-4 所示。

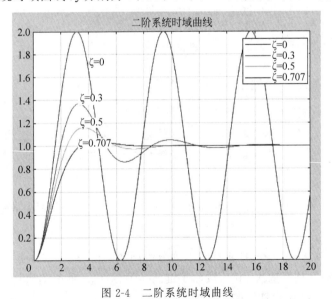

图 2-4　二阶系统时域曲线

要求：将画二阶系统时域曲线的函数作为子函数，主函数中 4 次调用子函数；添加图题、图例和网格；并使用交互式图形命令（gtext）将文字写到鼠标单击的地方，比如 gtext('\zeta＝0')，则"ζ＝0"就会显示到鼠标单击的地方。

第 3 章 MATLAB 在工程数学中的应用

【本章导学】

作为本书的核心内容,本章从电气电子类专业实践应用的角度出发,通过实例,并借助 MATLAB 计算可视化等功能,详细地介绍了 MATLAB 在工程数学中的应用。

通过本章的学习,读者可利用 MATLAB 来解决工程应用方面的数学计算问题,具体包括代数方程的求解、曲线拟合、插值运算、数值积分和微分、常微分方程的求解和傅里叶变换。

【学习目标】

(1) 掌握线性方程组的矩阵求解方法、非线性方程组的 fsolve 函数求解方法;
(2) 掌握利用多项式拟合命令 polyfit 来进行曲线拟合的方法;
(3) 掌握一维插值命令 interp1,了解二维插值命令 interp2 以及四种插值方法的区别;
(4) 掌握典型的数值积分 quad 和 trapz 命令;
(5) 了解计算数值微分的 diff 函数;
(6) 掌握常微分方程的求解方法(解析解法、数值解法);
(7) 了解傅里叶变换的 MATLAB 实现方法。

3.1 代数方程的求解

在科学研究和工程实践中,求解方程(组)是最基础、最常见的问题,根据代数方程(组)的形式和对结果精度要求的不同,具体求解方法也不同,本节主要结合实例介绍线性方程组以及非线性方程组的典型求解方法。

3.1.1 线性方程组的求解

线性方程组的求解,不可避免地用到矩阵相关概念。当方程组由 n 个未知数、n 个方程构成,方程有唯一的一组解,其形式可以用矩阵、向量写成如下形式:$Ax=b$,其中 A 是方阵,b 是一个列向量。

1. 利用矩阵除法求解

对于线性方程组 $Ax=b$,可以利用 $x=A\backslash b=A^{-1}b$ 来求解。

【例 3-1】 已知某稳态电路如图 3-1 所示,求电路中各支路电流 I_2、I_3、I_4、I_5 和理想电流源电压 U_1 的值。已知 $I_1=3\text{A}, R_2=12\Omega, R_3=8\Omega, R_4=12\Omega, R_5=6\Omega$。电流和电压的参

考方向如图 3-1 所示。

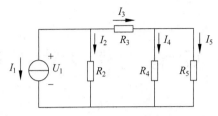

图 3-1 某稳态电路的电路图

电路分析：根据基尔霍夫电流和电压定律，列网孔方程，得出以下方程组：

$$\begin{cases} I_1 + I_2 + I_3 = 0 \\ I_3 = I_4 + I_5 \\ I_2 \cdot R_2 - U_1 = 0 \\ I_3 \cdot R_3 + I_4 \cdot R_4 - I_2 \cdot R_2 = 0 \\ I_5 \cdot R_5 - I_4 \cdot R_4 = 0 \end{cases}$$

将已知条件代入，得到

$$\begin{cases} I_2 + I_3 = -3 \\ I_3 - I_4 - I_5 = 0 \\ 12I_2 - U_1 = 0 \\ -12I_2 + 8I_3 + 12I_4 = 0 \\ -12I_4 + 6I_5 = 0 \end{cases}$$

写成矩阵方程 **Ax = b** 的形式，即

$$\begin{bmatrix} 1 & 1 & 0 & 0 & 0 \\ 0 & 1 & -1 & -1 & 0 \\ 12 & 0 & 0 & 0 & -1 \\ -12 & 8 & 12 & 0 & 0 \\ 0 & 0 & -12 & 6 & 0 \end{bmatrix} \begin{bmatrix} I_2 \\ I_3 \\ I_4 \\ I_5 \\ U_1 \end{bmatrix} = \begin{bmatrix} -3 \\ 0 \\ 0 \\ 0 \\ 0 \end{bmatrix}$$

程序如下：

```
clear;clc;
A = [1 1 0 0 0;0 1 -1 -1 0;12 0 0 0 -1;-12 8 12 0 0;0 0 -12 6 0]
b = [-3;0;0;0;0]
x = A\b
```

结果：

```
x =

   -1.5000
   -1.5000
   -0.5000
   -1.0000
  -18.0000
```

2. 利用函数命令 linsolve 求解

在 MATLAB 中，函数命令 linsolve 专门用来求解线性方程组，对于方程 $AX = B$，其调用格式为：

```
X = linsolve(A,B)
```

注意，矩阵 A 至少是行满秩的，当 A 的列数大于行数时，将给出解不唯一的警告提示。

3. 利用函数命令 solve 求解

solve 命令可以解一般的代数方程，包括线性方程、非线性方程和超越方程，其命令调用格式很多，这里仅列出其中一种：

```
[y1,...,yN] = solve(eqns,vars)
```

说明：对 N 个方程的变量 var1,...,varN 求解，并将求解结果分别赋予 y1,...,yN。

对于例 3-1，建议读者再尝试利用 linsolve 函数和 solve 函数求解，熟悉一下命令的调用格式。

3.1.2 非线性方程组的求解

在实际工程应用、实验数据分析以及理论研究等情况下，很多问题都是非线性的，可以归结为非线性方程(组)的求解。求非线性方程(组)数值解的一般方法是调用 fsolve 函数，其命令调用格式很多，这里仅列出其中一种：

```
x = fsolve('fun',x0)
```

说明：fun 指函数，用于定义非线性方程(组)；x0 为计算初值；x 是求解结果(方程的根)，用于求解非线性方程(组)在 x0 附近的近似解。

【例 3-2】 已知某阻尼振动系统，如图 3-2 所示，包括弹簧、质量块及阻尼器。以物体的平衡位置 O 为原点，建立图示坐标轴 x，假定根据物体运动微分方程求得的振动方程为 $x(t) = 0.7 \times e^{-4t} \times \sin(30t)$，求出 $x(t) = 0.2$ 对应的时刻 t。

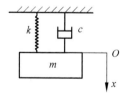

图 3-2 某阻尼振动系统力学模型图

分析：根据振动方程 $x(t) = 0.7 \times e^{-4t} \times \sin(30t) = 0.2$，移项可得，$0.7 \times e^{-4t} \times \sin(30t) - 0.2 = 0$，设 $f(t) = 0.7 \times e^{-4t} \times \sin(30t) - 0.2$，从而将求 $x(t) = 0.2$ 对应的时刻 t 的问题转化为求非线性方程 $f(t)$ 的根。

首先尝试采用 solve 命令求解，在命令行窗口输入以下命令：

```
>> syms t
```

```
>> eq1 = 0.7 * exp( - 4 * t) * sin(30 * t) - 0.2;
>> solve(eq1)
```

运行后出现了警告,建议不要采用 solve,而采用其他函数命令,并得出一个解:

```
ans =
0.010067523788501757983566119881691
```

实际上,利用 MATLAB 绘制方程 $f(t)=0.7\times e^{-4t}\times \sin(30t)-0.2$ 的曲线,会发现 $f(t)$ 与横轴的交点应该有 4 个,也就是 $f(t)$ 的根应该有 4 个,数值大约是 0.01、0.09、0.24、0.28。因而用 solve 命令求解非线性方程,特别是非线性的超越方程,是有局限的。下面换种方式,采用 fsolve 命令求解。

过程:

(1) 建立函数文件 fxx_fsolve.m。

```
function ft = fxx_fsolve(t)
ft = 0.7 * exp( - 4 * t) * sin(30 * t) - 0.2;
end
```

注意:定义待求解方程时,fun 函数表示成 f(x)=0 的形式。

(2) 命令行窗口调用 fsolve 函数求根,初值 x0 分别设定为 0、0.1、0.2、0.3、0.4、0.5 等,注意命令行提示语句及结果。其中,当初值 x0 设为 0.2 和 0.5 时,对比情况如图 3-3 所示。最终求得 $f(t)$ 的解有 4 个,分别为 $t=0.0101$、$t=0.0906$、$t=0.2371$、$t=0.2789$。

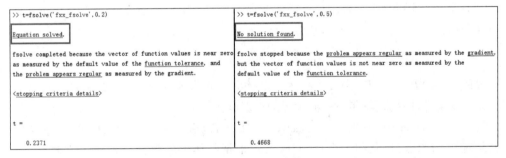

图 3-3 采用 fsolve 函数求解结果对比(初值 x0=0.2 和 x0=0.5 时)

【例 3-3】 求下面的非线性方程组在 (0.5,0.5) 附近的数值解。

$$\begin{cases} \cos(x) + ye^x - 2 = 0 \\ \sin(y) + xe^y - 2 = 0 \end{cases}$$

具体过程如下:

(1) 建立函数文件 fxx_fsolve_1.m,令 $x=x(1), y=x(2)$。

```
function f = fxx_fsolve_1(x)
f(1) = cos(x(1)) + x(2) * exp(x(1)) - 2;
f(2) = sin(x(2)) + x(1) * exp(x(2)) - 2;
end
```

(2) 在命令行窗口调用 fsolve 函数求方程组在 (0.5,0.5) 附近的根。

```
>> x = fsolve('fxx_fsolve_1',[0.5,0.5])
```

其执行结果为：

```
x =
0.8087    0.5833
```

即在(0.5,0.5)附近的根为 $x=0.8087, y=0.5833$。

(3) 验证结果正确与否，将求得的解代回原方程，在命令行窗口输入以下语句：

```
>> f = fxx_fsolve_1(x)
f =
    1.0e - 13 *
   - 0.4219    - 0.1599
```

两个方程的结果都无限逼近于 0，可见得到了较高精度的结果。

总结一下，利用 fsolve 函数求解非线性方程(组)，采用的是迭代的数值算法，在给定不同的初值时，在初值附近局部寻根，求得不同的解。另外，关于初值如何给定，可以用 MATLAB 画函数曲线，通过图解法知道有多少个解、每个解的大致位置，然后再采用 fsolve 函数求精度高的解，或者根据方程(组)变量的实际物理意义选择恰当的初值。

3.2 曲线拟合

科学实验的主要目的是对事物模型的研究，主要采用的方法是通过采集实验数据，建立与之相应的数学模型。可当存在大量的实验数据时，面对许多杂乱无章的数字，往往无从下手，更无从发现其内在规律，此时运用 MATLAB 的曲线拟合功能，即寻找与数据吻合程度比较好的函数形式，得到一条光滑曲线，它在某种准则下可以最佳地拟合实验数据，这样问题便可得到很好的解决。曲线拟合的方法很多，常用方法是最小二乘法。

MATLAB 软件提供的拟合函数 polyfit 采用最小二乘法原理，对给定的一组实验数据进行曲线拟合，具体方法如下：

给定的一组实验数据为 $(x_i, y_i), i=1,2,\cdots,n$。其中，$x_i$ 互不相同，寻求函数 $f(x_i)$ 与所有的数据点最为接近。MATLAB 采用多项式模型对数据组进行描述，形成如多项式 $f(x_i)=a_1 x^n + a_2 x^{n-1} + \cdots + a_n x + a_{n+1}$ 的形式，求取参数 a_i，使得 $\sum_{i=0}^{n}[f(x_i)-y_i]^2$ 值最小，该过程称为对数据组进行多项式拟合。

在 MATLAB 中多项式拟合的函数调用格式为：

```
p = polyfit(x,y,n)
```

其中 x、y 分别为数据的横、纵坐标向量，n 是给定的拟合多项式的阶数，返回一个多项式 p(x)的系数向量 p。

【例 3-4】 流量测量被广泛地应用于各个行业，应用最广泛的是 MEMS 流量传感器，在将传感器的输出电压信号转换成流量值时，常通过建立流量传感器电压-流量特性曲线的数学模型，再由测量过程中的电压值(V)计算求得对应的流量值(L/min)。

已知某型号的 MEMS 流量传感器的流量和输出电压关系如表 3-1 所示。现欲拟合该流量传感器在流量 0~2.0L/min 范围内的输出电压特性曲线。

表 3-1　某型号 MEMS 流量传感器的流量和输出电压数据

流量(Normal)/(L·min^{-1})	0.0	0.4	0.8	1.2	1.6	2.0
输出电压/V	1.00	2.75	3.78	4.35	4.70	5.00

现通过 MATLAB 对给定的数据进行多项式拟合。程序如下：

```
L = [0.0 0.4 0.8 1.2 1.6 2.0]
V = [1.00 2.75 3.78 4.35 4.70 5.00]
subplot(2,2,1)
plot(L,V,'o')
axis([0.0 2.0 0.0 6.00])
grid on
title('实测数据','FontSize',20)
xlabel('流量 L/min','FontSize',20)
ylabel('输出电压 V','FontSize',20)

subplot(2,2,2)
p1 = polyfit(L,V,1)         % 线性(一阶)拟合
V1 = polyval(p1,L)          % 根据拟合的多项式系数,求线性拟合时对应流量的电压值
plot(L,V,'o',L,V1,'r')      % 绘制实测数点和(L,V1)的曲线
axis([0.0 2.0 0.0 6.00])
grid on
title('线性拟合','FontSize',20)
xlabel('流量 L/min','FontSize',20)
ylabel('输出电压 V','FontSize',20)

subplot(2,2,3)
p2 = polyfit(L,V,2)         % 二阶拟合
plot(L,V,'o',L,polyval(p2,L),'r')
axis([0.0 2.0 0.0 6.00])
grid on
title('二阶拟合','FontSize',20)
xlabel('流量 L/min','FontSize',20)
ylabel('输出电压 V','FontSize',20)

subplot(2,2,4)
p5 = polyfit(L,V,5)         % 五阶拟合
plot(L,V,'o',L,polyval(p5,L),'r')
axis([0.0 2.0 0.0 6.00])
grid on
title('五阶拟合','FontSize',20)
xlabel('流量 L/min','FontSize',20)
ylabel('输出电压 V','FontSize',20)
```

运行结果如下：

```
p1 =    1.8871     1.7095
p2 =   -1.1127     4.1126    1.1561
p5 =   -0.0407     0.1302    0.5273   -2.9896    5.4792    1.0000
```

上述不同阶次多项式的拟合结果如图 3-4 所示。由图 3-4 可见,原始流量传感器的实测数据离散较大,应适当提高拟合阶数,使所得函数更加精确,但拟合多项式的阶数一般不超过五阶。

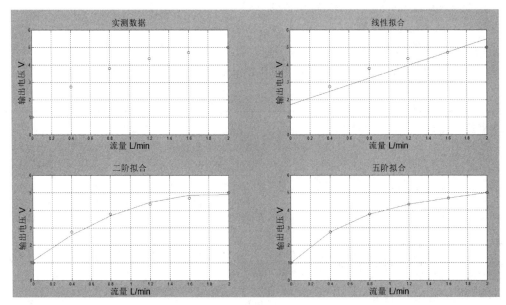

图 3-4　不同阶次多项式的曲线拟合结果比较

3.3　插 值 运 算

如果已知的一组离散数据之间不能直接用解析式来表示,或虽然可以用解析式来表示,但很复杂,不便于研究和使用,而只能用表格形式来表示离散数据的函数关系,这时,当需要求取任意一个自变量所对应的函数值时,用的方法就是插值运算,它是离散函数逼近的重要方法。

插值运算的具体方法就是在离散数据的基础上,补插连续函数,使得这个连续曲线通过所有给定的离散数据点,这样可以根据离散函数在有限个点处的取值状况,估算出在其他点处的近似值。因而插值运算的目的就是用简单函数为各种离散数据建立连续的数学模型。

这里需注意前面所述的多项式曲线拟合的目的是找到一条"平滑"的曲线,以便最好地表现出离散点的数据,并不要求拟合曲线通过所有给定的离散数据点,这一点是和插值运算有差别的。

3.3.1　一维插值

一维插值就是对一维函数 $y=f(x)$ 的数据进行插值,在 MATLAB 中一维插值命令函数为 interp1,其调用格式为:

```
yi = interp1(x,y,xi,method)
```

说明：

(1) 输入参数中，(x,y)为原始数据点，x为横坐标向量，y为纵坐标向量；

(2) xi是插值范围内任意点的x坐标，yi则是插值运算后对应的y坐标；

(3) 输入参数method用于指定插值的方法，'linear'为线性插值（默认），'nearest'为最近点插值，'spline'为三次样条插值，'cubic'为三次多项式插值。

插值方法是在插值函数选项中设定的，在选择插值方法时，既要考虑内存或计算时间的代价，又要兼顾插值结果的平滑度。表3-2对四种插值方法的特点和用途进行了介绍。

表3-2 四种插值方法

method	含义	特点和用途
linear	线性插值	仅用于连接图上的数据点，速度较快，有足够的精度，最常用，作为默认设置；其插值函数具有连续性，但在已知数据点处的斜率一般会改变，因此插值结果不平滑
nearest	最近点插值	速度最快，占用内存最少，精度最低；实时使用，特大数据量处理，适用于需要保持基准数据而又不增加新函数值的特殊场合，属于不连续插值，因而插值结果最不平滑
spline	三次样条插值	速度最慢，精度最高，其插值函数及其一阶、二阶导数连续，插值结果最平滑
cubic	三次多项式插值	速度比spline稍快，精度高，其插值函数及其一阶导数连续，插值结果平滑性好

【例3-5】 仍以例3-4中MEMS流量传感器的流量和输出电压关系为例，对其原始数据点进行插值计算。

程序如下：

```
clc;clear;clf;
L = [0.0 0.4 0.8 1.2 1.6 2.0]
V = [1.00 2.75 3.78 4.35 4.70 5.00]
Li = 0.0:0.1:3.0                        %设置插值点的横坐标
Vi1 = interp1(L,V,Li,'linear')          %分别按四种不同的方法进行插值
Vi2 = interp1(L,V,Li,'nearest')
Vi3 = interp1(L,V,Li,'spline')
Vi4 = interp1(L,V,Li,'cubic')

subplot(2,2,1)                          %按子图方式分别展现原始点数据和各种插值结果
plot(L,V,'o',Li,Vi1,'r-','linewidth',2)
title('linear 线性插值','fontsize',20)
legend('原始数据点','linear 数据')
xlabel('流量 L/min','FontSize',20)
ylabel('输出电压 V','FontSize',20)

subplot(2,2,2)
plot(L,V,'o',Li,Vi2,'r-','linewidth',2)
title('nearest 最近点插值','fontsize',20)
legend('原始数据点','nearest 数据')
xlabel('流量 L/min','FontSize',20)
```

```
ylabel('输出电压 V','FontSize',20)

subplot(2,2,3)
plot(L,V,'o',Li,Vi3,'r-','linewidth',2)
title('spline 三次样条插值','fontsize',20)
legend('原始数据点','spline 数据')
xlabel('流量 L/min','FontSize',20)
ylabel('输出电压 V','FontSize',20)

subplot(2,2,4)
plot(L,V,'o',Li,Vi4,'r-','linewidth',2)
title('cubic 三次多项式插值','fontsize',20)
legend('原始数据点','cubic 数据')
xlabel('流量 L/min','FontSize',20)
ylabel('输出电压 V','FontSize',20)
```

上述一维插值不同插值方法结果如图 3-5 所示。由图 3-5 可以看出,对于同样的数据点,不同的插值方法得到的结果是不同的,在这四种插值方法中,三次样条插值结果最为平滑。另外,由于在程序中设置的插值点横坐标有一些是超过原始数据范围之外的点(流量大于 2.0L/min),而只有 spline(三次样条插值)和 cubic(三次多项式插值)可以估算原始数据点以外的数值。

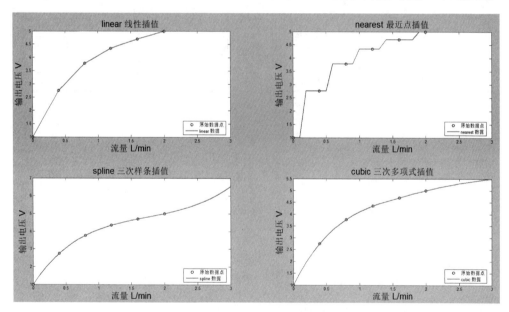

图 3-5　一维插值不同插值方法结果比较

3.3.2　二维插值

前面介绍的是一维插值,即数据点是一维变量,插值函数为一元函数(曲线)。若数据点是二维的,插值函数就是二元函数,即曲面,它是对两个变量的函数 $z=f(x,y)$ 进行插值。二维插值函数命令为 interp2,其调用格式为:

```
zi = interp2(x,y,z,xi,yi,method)
```

说明：

（1）输入参数中，(x,y,z)为原始数据点，x、y 为两个独立的向量，x 为 n 维向量，y 为 m 维向量，它们必须是按照单调方式排列的，z 为 $m \times n$ 矩阵。

（2）xi、yi 分别表示插值点横、纵坐标值。注意 xi 与 yi 应是方向不同的向量，即一个是行向量，一个是列向量。zi 是得到的插值，它为矩阵，它的行数为 yi 的维数，列数为 xi 的维数。

（3）method 的用法同前面的一维插值。

【例 3-6】 离子传感器利用离子选择电极，将感受的离子量转换成输出信号，可用于测量水溶液样本中选定离子的浓度，目前广泛应用于工厂排水自动计测和河水监测的环境卫生领域，或用于工厂生产溶液的自动监控、实验室日常分析等。已知某型号的离子传感器，其输出电压 U 不仅与离子的浓度 C 有关，还与环境温度有关，通过标定实验获得一组原始数据如表 3-3 所示，试通过二维插值运算确定一曲面，并找出最大输出电压时的离子的浓度 C 和环境温度。

表 3-3　某离子传感器的输出电压　　　　　　　　　mV

离子的浓度 C /(10^{-6} mol·L^{-1})	环境温度 $t/℃$				
	10	20	30	40	50
10	45.0	47.8	53.6	59.7	42.4
20	42.0	47.8	59.8	61.2	55.0
30	40.0	41.2	58.0	57.4	49.8
40	38.0	39.4	54.2	52.6	45.2

程序如下：

```
clc;clear;clf;
x = [10 20 30 40 50]              % 环境温度
y = [10 20 30 40]                 % 离子浓度
z = [45.0 47.8 53.6 59.7 42.4
     42.0 47.8 59.8 61.2 55.0
     40.0 41.2 58.0 57.4 49.8
     38.0 39.4 54.2 52.6 45.2]
subplot(1,2,1)
mesh(x,y,z)
title('数据点','FontSize',20)
xlabel('环境温度 t/^oC','FontSize',15)
ylabel('离子浓度 C/mol\cdotL^-^1','FontSize',15)
zlabel('输出电压 U/mV','FontSize',15)

subplot(1,2,2)
xi = 10:1:50
yi = 10:1:40
zi = interp2(x,y,z,xi,yi,'spline')   % xi 和 yi 分别是方向不同的向量
mesh(xi,yi,zi)
title('样条插值','FontSize',20)
xlabel('环境温度 t/^oC','FontSize',15)
ylabel('离子浓度 C/mol\cdotL^-^1','FontSize',15)
zlabel('输出电压 U/mV','FontSize',15)
```

```
[i,j] = find(zi == max(max(zi)))    % 找出样条插值后最大电压值所处的位置
x = xi(j)                            % 根据最大电压值所处的位置确定环境温度
y = yi(i)                            % 根据最大电压值所处的位置确定离子浓度
zmax = zi(i,j)                       % 根据最大电压值所处的位置确定电压值
```

运行结果数值如下：

```
i = 11
j = 27
x = 36
y = 20
zmax = 61.9972
```

数据点和二维样条插值曲面图如图 3-6 所示。

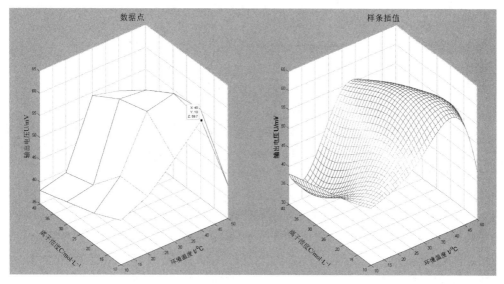

图 3-6　数据点和二维样条插值曲面图

3.4　数值积分和微分

在科学研究中，除了前面所述的用曲线拟合以及插值运算来进行数值逼近操作外，有时还需要求逼近曲线下面的面积，这就是积分问题；有时需要根据已知的数据点求某一点的一阶或者高阶导数，这就是微分问题。

3.4.1　数值积分

理论上，根据高等数学知识，对已知函数求其定积分可以利用牛顿-莱布尼茨公式(Newton-Leibniz formula)。但在实际工程应用中，能够借助于该公式直接来求定积分的算例有限，因为大多数被积函数很难用初等函数表示出来，有的即便表示出来，其函数式也非常复杂，有的甚至可能是非连续函数，是一些离散值。因此，在实践应用中，对函数求积分时，通常采用数值积分的方法。

1. 数值积分基本原理

MATLAB 典型的数值积分方法有辛普森(Simpson)法、牛顿-柯特斯(Newton-Cotes)法、梯形法等。它们的基本思想都是将整个积分区间 $[a,b]$ 分成 n 个子区间 $[x_i, x_{i+1}]$, $i=1,2,\cdots,n$，其中 $x_1=a, x_{n+1}=b$，这样求定积分问题就分解为求和问题。

本节将着重介绍辛普森法的 quad 命令和梯形法的 trapz 命令，其他数值积分命令的使用方法这里不予介绍，用户可通过 MATLAB 的在线帮助文件进行了解。

2. 辛普森法

MATLAB 提供的求积函数命令 quad 采用了辛普森法计算定积分，精度较高，是较常用的数值积分命令。

quad 函数的调用格式为：

```
I = quad('fun',a,b,tol,trace)
```

说明：

(1) 参数 'fun' 是被积函数，可以是表达式字符串、内联函数、M 函数文件名；

(2) a 和 b 分别是定积分的下限和上限；

(3) tol 用来控制积分精度，默认时积分的相对精度为 0.001；

(4) trace 用来控制是否展现积分过程，若取非 0 值，将以动态图形的形式展现积分的整个过程，若取 0 则不展现，不画图，默认时取 0；

(5) 返回参数 I 即定积分值；

(6) 上面的调用格式中，前三个输入参数是调用时必需的。

【例 3-7】 已知某 RLC 串联交流电路中，其总电压和总电流的表达式为：$u(t)=220\sqrt{2}\sin(100\pi t+20°)$ V，$i(t)=4.4\sqrt{2}\sin(100\pi t+73°)$ A。求 $u(t)$、$i(t)$ 的有效值、电路的平均功率和功率因素。

根据电路基础知识分析：

(1) 根据交流电压、电流有效值的定义，有：$U=\sqrt{\dfrac{1}{T}\int_0^T u(t)^2 \mathrm{d}t}$、$I=\sqrt{\dfrac{1}{T}\int_0^T i(t)^2 \mathrm{d}t}$。

(2) 瞬时功率在一个周期内的平均值 P 为平均功率(有功功率)，$P=\dfrac{1}{T}\int_0^T p(t)\mathrm{d}t = \dfrac{1}{T}\int_0^T u(t)i(t)\mathrm{d}t$。

(3) 在交流电路中，电压与电流之间的相位差 φ 的余弦为功率因数，用符号 $\cos\varphi$ 表示，数值上等于有功功率和视在功率的比值，或用 $P=UI\cos\varphi$ 来计算。

程序如下：

```
T = 2/100                 % 周期
a = 0                     % 积分区间的下限
x = 0:0.01:1              % 定义积分区间的最小划分宽度
t = x.*T
funv = '(220*sqrt(2)*sin(100*pi*t+20*pi/180)).^2'  % 被积函数——电压的二次方
```

```
funi = '(4.4 * sqrt(2) * sin(100 * pi * t + 73 * pi/180)).^2'  % 被积函数——电流的二次方
funp = '(220 * sqrt(2) * sin(100 * pi * t + 20 * pi/180)). * (4.4 * sqrt(2) * sin(100 * pi * t + 73 *
pi/180))'
% 被积函数 - 功率
v_int = quad(funv,a,T)           % 求被积函数——电压的二次方在(0,T)的积分
V_rms = sqrt(v_int/T)            % 求电压的有效值
i_int = quad(funi,a,T)           % 求被积函数——电流的二次方在(0,T)的积分
I_rms = sqrt(i_int/T)            % 求电流的有效值
p_int = quad(funp,a,T)           % 求被积函数——功率在(0,T)的积分
P_ave = p_int/T                  % 求平均功率
PF = P_ave/(V_rms * I_rms)       % 求功率因数
```

运行结果如下：

```
V_rms = 220.0000
I_rms = 4.4000
P_ave = 582.5569
PF  = 0.6018
```

3. 梯形法

在科学研究和工程实践中，函数关系往往未知，只有实验测定的一组数据，这时就无法使用 quad 等函数来计算其定积分。此时可采用 MATLAB 提供的求积分函数命令 trapz，其采用了梯形法计算定积分，适用于被积函数的表达式未知的情况，以及离散函数的积分。trapz 函数的调用格式为：

```
I = trapz(x,y)
```

说明：x 为横坐标向量，y 为对应的纵坐标向量，要求 x 和 y 向量的长度相等。

【**例 3-8**】 设某周期性矩形脉冲电流 $i(t)$ 如图 3-7 所示。其中脉冲幅值 $I_P=\dfrac{\pi}{2}\text{mA}$，周期 $T=6.28\text{s}$，脉冲宽度 $\tau=\dfrac{T}{2}$。求 $i(t)$ 的有效值。

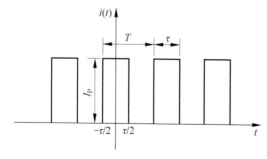

图 3-7　周期性矩形脉冲电流 $i(t)$

程序如下：

```
T = 6.28
t = 0:0.001:T/2;
it = zeros(1,length(t))          % 开辟电流相量空间
```

```
it(:) = pi/2;                    % 电流相量幅值
it_int = trapz(t,it.^2)
I = sqrt(it_int/T)
```

运行结果如下：

```
I = 1.1107
```

3.4.2 数值微分

在科学研究和工程实践中，有时会需要根据已知点的数据，求某一点的一阶或高阶导数，这时就需要用到数值微分。积分描述了一个函数的整体或宏观性质，对函数的形状在小范围内的改变不敏感；而微分却恰恰相反，它描述了一个函数在某一点处的斜率，一个函数的小变化容易产生相邻点斜率的大改变。

由于微分固有的困难，所以尽可能避免数值微分，特别是对实验获得的数据进行微分。在这种情况下数值微分的基本思路是先用最小二乘法进行曲线拟合，将已知的数据在一定范围内的近似函数求出来，再用特定的方法对此近似函数进行微分。通常有两种方法：多项式求导法和用 diff 函数计算差分法，本节重点介绍后一种方法。

1. 数值微分的基本原理

由于任意函数 $f(x)$ 在 x_0 点的微分是通过极限来定义的：

$$f'(x_0) = \frac{dy}{dx} = \lim_{h \to 0} \frac{f(x_0+h) - f(x_0)}{(x+h) - (x)}$$

当步长 h 充分小时，$f(x)$ 在 x_0 点的微分可以近似为：

$$f'(x_0) = \frac{dy}{dx} \approx \frac{f(x_0+h) - f(x_0)}{(x+h) - (x)} = \frac{\Delta f(x_0)}{h} (h > 0)$$

该式表示函数 $f(x)$ 在 x_0 点的微分，近似为函数 $f(x)$ 在点 x_0 处的向前差分 $[\Delta f(x_0)]$ 除以 x 的向前差分，结果为差商。

当然也可以采用向后差分、中心差分的形式来求函数 $f(x)$ 在点 x_0 处的微分。

2. 数值微分的实现

在 MATLAB 中，没有直接提供求数值导数的函数，只有计算向前差分的函数 diff，这是一个计算非常粗略的微分函数命令，其调用格式为：

(1) DX=diff(X)，计算向量 X 的向前差分，DX(i)=X(i+1)−X(i)，i=1,2,…,n−1。

(2) DX=diff(X,n)，计算向量 X 的 n 阶向前差分，例如 diff(X,2)=diff(diff(X))。

(3) DX=diff(A,n,dim)，计算矩阵 A 的 n 阶差分，dim=1 时（默认状态）按列计算差分，dim=2 时按行计算差分。

说明：因 diff 计算的是向量元素间的差分，故所得输出比原向量少了一个元素；同样对于矩阵来说，差分后的矩阵比原矩阵少了一行一列。这样，在绘制微分曲线时，必须舍弃向量 X 中的一个元素，当舍弃 X 的最后一个元素时，得出的是向前差分近似。

根据上述数值微分的基本原理，对于函数 $y=f(x)$，计算其数值微分，则可用

diff(y)./diff(x)来求。

【例 3-9】 假设某质点振动的轨迹方程满足 $f(t)=\sin t$,在$[0,2\pi]$范围内随机采样,求质点振动的速度曲线。

程序如下:

```
t1 = [0,sort(2 * pi * rand(1,10)),2 * pi]      % 得到 0 到 2π 的 10 个随机时间点并从小到大排列
x1 = sin(t1);                                   % 位置坐标
v1 = diff(x1)./diff(t1);                        % 计算随机时间点的速度值
plot(t1(1:end - 1),v1,'b - * ')                 % 画速度曲线,注意差分元素比原向量少一个
hold on

t2 = [0,sort(2 * pi * rand(1,100)),2 * pi]
x2 = sin(t2);
v2 = diff(x2)./diff(t2);
plot(t2(1:end - 1),v2,'r - o')
hold on

t3 = [0,sort(2 * pi * rand(1,1000)),2 * pi]
x3 = sin(t3);
v3 = diff(x3)./diff(t3);
plot(t3(1:end - 1),v3,'k - .')
hold on

legend('10 个随机点','100 个随机点','1000 个随机点')   % 插入图例
grid on                                                % 加网格
title('质点振动的速度曲线','FontSize',20)              % 标题
xlabel('时间 t/s','FontSize',20)                       % 横坐标标签
ylabel('速度 v/m\cdots^ - ^1','FontSize',20)           % 纵坐标标签
```

运行结果如图 3-8 所示。

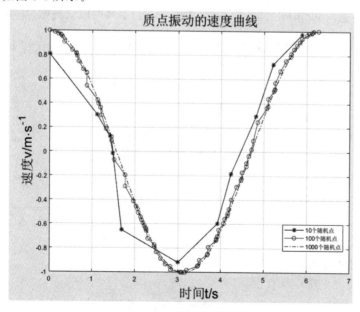

图 3-8　质点振动的速度曲线

通过比较这三条质点振动的速度曲线,很容易发现:当采用数值微分方法求质点振动的速度曲线时,随机取得的离散数值点越多,步长越小,此时数值微分(差商)结果就越精确,越接近于质点振动轨迹方程的微分结果 $v(t)=\cos t$。

3.5 常微分方程的求解

在科学研究中常会遇到常微分方程(ordinary differential equations,ODE),只含有一个自变量的微分方程称为常微分方程。在 MATLAB 中,对常微分方程的求解方法一般有两种:解析解法和数值解法。但在实际工作应用中,除了变化规律非常简单的情况,比如电容充、放电过程的常微分方程,能用解析解的方法求得准确的解,很多常微分方程在求取解析解的过程中可能花费了较多时间,也可能得不到简单的解析解表达式,甚至可能没有解析解。这时,采用数值解法求解常微分方程就显得尤为重要了,因而解析解法和数值解法有很好的互补作用。

3.5.1 常微分方程的解析解

当常微分方程能够通过解析求解时,可以用 MATLAB 中的 dsolve 函数来找到精确解。函数 dsolve 的调用格式为:

```
dsolve('equation1', 'con', 'v')                          % 求解微分方程
dsolve('equation1, equation2...', 'con1, con2...', 'v1, v2...')   % 求解微分方程组
```

说明:

(1) 输入参数包括三个部分,'equation1'为微分方程,'con'为初始条件,'v'为指定自由变量。其中,微分方程是必不可少的部分,微分初始条件视需要而定,自由变量若省略,则默认认为 x 或 t 为自由变量。

(2) 微分方程'equation'的输入一定要按照 MATLAB 的默认规则,即用 Dny 表示 y 的 n 阶导数。例如:当 y 是因变量时,y 的一阶导数 $\dfrac{dy}{dx}$ 或 $\dfrac{dy}{dt}$ 表示为 Dy;y 的 n 阶导数 $\dfrac{d^n y}{dx^n}$ 或 $\dfrac{d^n y}{dt^n}$ 表示为 Dny。

(3) 微分初始条件'con'应写成'y(a)=b,Dy(c)=d'的格式,当初始条件数少于微分方程数时,在所得解中将出现任意常数符 C1、C2…,解中任意常数符的数目等于所缺少的初始条件数。

【例 3-10】 RLC 串联零输入电路如图 3-9 所示,已知 $R=4000\Omega, L=1H, C=1\mu F, u_C(0_-)=10V, t=0s$ 时开关闭合,求 $t>0s$ 时的电容电压。

分析:首先建立电路的数学模型。

根据基尔霍夫电压定律有:

$$u_L + u_R + u_C = 0 \tag{1}$$

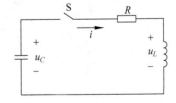

图 3-9 RLC 串联零输入电路

由 $i = i_C = C \dfrac{\mathrm{d}u_C}{\mathrm{d}t}$，则

$$u_L = L \frac{\mathrm{d}i}{\mathrm{d}t} = LC \frac{\mathrm{d}^2 u_C}{\mathrm{d}t^2} \tag{2}$$

将式(2)代入式(1)得到常微分方程：

$$LC \frac{\mathrm{d}^2 u_C}{\mathrm{d}t^2} + RC \frac{\mathrm{d}u_C}{\mathrm{d}t} + u_C = 0$$

初始条件为：

$$u_C(0) = 10, u'_C(0) = 0$$

程序如下：

```
syms R L C                                      % 定义 R、L、C 为符号变量
Uc = dsolve('L*C*D2Uc + R*C*DUc + Uc = 0', 'Uc(0) = 10,DUc(0) = 0')
Uc = subs(Uc,{R,L,C},{4000,1,0.000001})         % 将 R、L、C 的值代入
digits(5)                                        % 控制运算精度为 5 位有效数字
Uc_exp = vpa(Uc)
ezplot(Uc_exp,[0,0.02])
% 利用二维符号函数曲线命令画出 0～0.02s 的 Uc 波形
title('电容两端电压 Uc(t)在 0～0.02s 间的波形(解析解)')
xlabel('t/s')
ylabel('Uc(t)/V')
axis([0 0.02 0 10])
```

运行结果如下：

```
Uc_exp =
10.774 * exp( - 267.95 * t)  -  0.7735 * exp( - 3732.1 * t)
```

电容电压 $u_C(t)$ 的波形如图 3-10 所示。

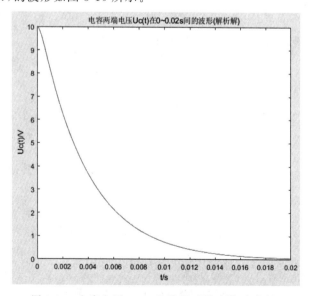

图 3-10　电容电压 $u_C(t)$ 的波形(用解析解法求得)

3.5.2 常微分方程的数值解

在常微分方程难以获得解析解的情况下,可以在数值上进行求解,常微分方程数值解是数值计算的基本内容。在 MATLAB 中,可使用 ode 函数来对常微分方程求数值解。

1. 用 MATLAB 求常微分方程数值解的具体步骤

(1) 根据研究工程问题的规律、定理和公式,整理出常微分方程和初始条件;

(2) 运用变量替换,把高阶微分方程写成一阶微分方程组的形式,初始条件也要替换;

(3) 根据变换后的一阶微分方程组编写出能计算一阶导数的 MATLAB 函数文件;

(4) 将编写好的 MATLAB 函数文件和变换后的初值传递给常微分方程解算命令去调用,运行后可得到常微分方程在指定区间上的计算结果,包括函数值及其导数。

2. 命令调用格式

MATLAB 提供了多种解算常微分方程的命令,如 ode23、ode45、ode113、ode23t、ode15s、ode23tb。对于不同的常微分方程,需要采用不同的解算命令。其中最常用的是 ode23 和 ode45,两者都属于单步法,只需要前一步的解即可计算出当前的解,不需要附加初始值,在计算过程中可随便改变步长,而不会增加任何附加的计算量。ode23 适用于较低精度(10^{-3})的场合,而 ode45 则是大多数场合的首选方法。

这些解算命令函数的用法完全相同,以 ode45 为例,其完整的调用格式为:

[x,y] = ode45('odefun',tspan,y0,options,…)

说明:

(1) 'odefun' 为一阶导数的 MATLAB 函数文件名,对于高阶微分方程,必须先化为一阶微分方程组。

(2) tspan 是一个向量,当它被赋予二元向量 [t0,tfinal] 时,指定微分方程在初始条件下,从 t0 到 tfinal 进行数值求解;当它被赋予多元向量 [t0,t1,…,tfinal] 时,表示在 tspan 指定的时刻序列上求数值解。

(3) y0 是初始状态列向量,$y0 = \begin{bmatrix} y_0 \\ y_0' \\ \vdots \\ y_0^{(n-1)} \end{bmatrix}$。

(4) options 是一些可选的算法综合参数,由函数 odeset 进行设置,用户可参考 MATLAB 的在线帮助了解其用法。

注意:调用格式中,'odefun'、tspan、y0 是必须的,options 为可选项。

【例 3-11】 仍以前述例 3-10 的 RLC 串联零输入电路为例,现采用 ode 函数进行数值求解。已知 RLC 串联零输入电路构成的常微分方程为 $LC\dfrac{d^2 u_C}{dt^2} + RC\dfrac{du_C}{dt} + u_C = 0$,初始条件:$u_C(0)=10, u_C'(0)=0, R=4000\Omega, L=1\text{H}, C=1\mu\text{F}$。

分析:为求该方程的解,则应按如下步骤进行。

(1) 将该方程降为一阶微分方程组。

令 $u_{C1}=u_C$，$u_{C2}=u_C'$，代入常微分方程中，则该方程可化简为如下的一阶微分方程组：

$$\begin{cases} u'_{C1}=u_{C2} \\ u'_{C2}=-\dfrac{R}{L}u_{C2}-\dfrac{1}{LC}u_{C1} \end{cases}$$

(2) 建立该方程组的一阶导数的函数文件 odedemo.m。

程序如下：

```
function dUc = odedemo(t,Uc)
dUc = zeros(2,1)              % 首先定义 dUc 为 2 个零元素的列向量
dUc(1) = Uc(2)                % 输入整理后的一阶微分方程组
dUc(2) = -4000*Uc(2) - 1000000*Uc(1)
end
```

(3) 调用 ode 函数，求解方程组，并画出图形。

程序如下：

```
tspan = [0 0.02];                      % 在时间 t 为 0～0.02s 的区间段上求解
Uc0 = [10;0];                          % 初始状态，即 Uc0 在时间 t=0 时的初值列向量
[t,Uc] = ode45('odedemo',tspan,Uc0)    % 调用 ode45 函数
plot(t,Uc(:,1),'-')                    % 矩阵 Uc 的第一列是原二阶微分方程的数值解
title('电容两端电压 Uc(t)在 0～0.02s 间的波形(数值解)')
xlabel('t/s')
ylabel('Uc(t)/V')
```

其执行结果如图 3-11 所示。

本节实例中，对 RLC 串联零输入电路的常微分方程分别采用解析解法和数值解法，得出的结果是相同的。在工作区打开这两种求法各自得出的 Uc 变量，通过比较发现，除了稍微有些舍入误差外，数据没有太多变化，如图 3-12 所示。

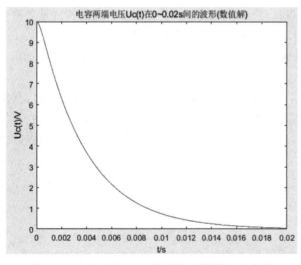

图 3-11 电容电压 $u_C(t)$ 的波形(用数值解法求得)　　图 3-12 工作区中 Uc 变量对比

3.6 傅里叶变换

在科学研究和工程实践中经常遇到傅里叶变换,由于傅里叶变换有明确的物理意义,即变换域反映了信号包含的频率内容,因此傅里叶变换在信号处理和系统动态特性研究中起着重要的作用。

3.6.1 傅里叶变换的命令函数

在 MATLAB 中,应用于傅里叶变换的命令函数有两大类:

(1) 应用于连续系统的傅里叶变换命令 fourier 和逆变换命令 ifourier,它们用来计算符号表达式的傅里叶变换,得到的返回函数仍然是符号表达式。若需对返回函数作图,要用符号函数绘图命令 ezplot。

(2) 应用于离散系统的快速傅里叶变换命令 fft 和逆变换命令 ifft,它们用来计算有限长离散序列的离散傅里叶变换。利用算出来的结果绘图要用 stem 或者 plot 命令。另外,函数 fftn 和 ifftn 可以对数据做多维快速傅里叶变换。

3.6.2 快速傅里叶变换(FFT)

FFT(fast Fourier transformation)为快速傅里叶变换函数。在 MATLAB 中,命令函数 fft 用于计算信号的离散傅里叶变换,在数字信号处理中有着广泛的应用。信号经常遭到随机噪声破坏,被其频率分量掩盖,使用快速傅里叶变换可以找出隐藏在噪声信号中的频率分量。

函数 fft 常用的调用格式为:

```
Y = fft(X)
Y = fft(X,n)
```

说明:

(1) 输入参数 X 为待变换的数据,可以是向量、矩阵或高维数组;当数据长度是 2 的幂次方时,则 fft 函数采用基 2 的 FFT 算法,否则采用稍慢的混合基算法。

(2) 输入参数 n 用以限制 X 序列的长度。如果 X 的长度小于 n,则用 0 来补足;如果 X 的长度大于 n,则去掉超出的部分。

【例 3-12】 已知带有测量噪声的信号 $x(t)=\sin(2\pi f_1 t)+\sin(2\pi f_2 t)+2\omega(t)$,其中 $f_1=50\text{Hz}, f_2=120\text{Hz}, \omega(t)$ 为均值为零、方差为 1 的随机信号,试画出其时域图,并用 fft 函数绘制出该信号的功率谱图,观察其包含的频率组成。采样频率为 1000Hz,数据点数为 $N=512$。

程序如下:

```
clc;clear;
% 定义时域采样信号
Fs = 1000;                          % 采样频率
T = 1/Fs;                           % 采样时间间隔
N = 512;                            % 采样信号的长度
t = (0:1:N-1)*T;                    % 定义信号采样的时间点
```

```
S = sin(2 * pi * 50 * t) + sin(2 * pi * 120 * t);    % 原始信号
X = S + 2 * randn(size(t));                          % 加入噪声后的信号
figure(1)
plot(1000 * t(1:50),X(1:50))                         % 取前 50 个采样点
title('带噪声的信号时域图','Fontsize',15)
xlabel('时间/ms','Fontsize',15)
ylabel('信号值 X(t)','Fontsize',15)

% 对时域采样信号执行快速傅里叶变换(FFT)
Y = fft(X,N);
P = Y.* conj(Y)/N;      % 功率谱,功率谱等于信号振幅谱的二次方除以样本长度
ds = Fs/N ;                                          % 频率间隔
f = (0:1:(N/2)) * ds; % 频率刻度,由于 FFT 结果的对称性,通常只使用前半部分的结果
figure(2)
plot(f,P(1:(N/2 + 1)))
title('带噪声的信号功率谱图','Fontsize',15)
xlabel('频率/Hz','Fontsize',15)
ylabel('幅值','Fontsize',15)
```

其执行结果如图 3-13 所示。

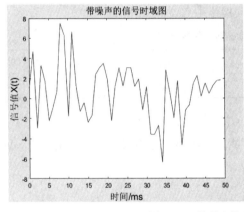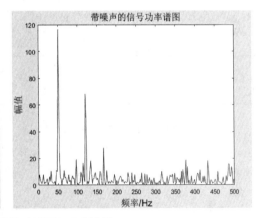

图 3-13 带噪声的信号时域图和功率谱图

另外,本例题如果要画频谱图,可采用 P=abs(Y)命令,但是频谱对于一个随机过程而言是个随机值,而本例题要求画的功率谱是个确定值。功率谱是功率谱密度函数的简称,它的定义为单位频带内的信号功率。功率谱表示了信号功率随着频率的变化情况,即信号功率在频域的分布状况。

本章实践任务

1. 求线性方程组 $\begin{cases} 2x_1 - 3x_2 + 2x_4 = 8 \\ x_1 + 5x_2 + 2x_3 + x_4 = 2 \\ 3x_1 - x_2 + x_3 - x_4 = 7 \\ 4x_1 + x_2 + 2x_3 + 2x_4 = 12 \end{cases}$ 的解。(提示:使用矩阵除法。)

2. 求非线性方程组 $\begin{cases} x^2+2x=-1 \\ x+3z=4 \\ yz=-1 \end{cases}$ 的解。[提示：使用 solve 命令，[x,y,z]=solve(eq1, eq2,eq3)。]

3. 求多项式方程组 $\begin{cases} \dfrac{x^2}{2}+\dfrac{y^2}{5}=5 \\ x^3+9y^3+4y=12 \end{cases}$ 的解。（提示：使用 fsolve 函数。）

4. 求微分方程 $\dfrac{d^2 y}{dx^2}+2\dfrac{dy}{dx}+2y=0$ 在满足 $y(0)=1, y'(0)=0$ 时的解。

[提示：使用 dsolve 命令，dsolve('equation1', 'con', 'v')。]

5. 求解微分方程组 $\begin{cases} \dfrac{dx}{dt}=2x+3y \\ \dfrac{dy}{dt}=x-2y \end{cases}$，其中 $x(0)=1, y(0)=2$。[提示：使用 dsolve 命令，dsolve('equation1, equation2...', 'con1, con2...', 'v1, v2...')。]

6. 已知某压力传感器的标定数据如表 3-4 所示，对给定的数据进行三次多项式拟合，得出压力-电压的特性曲线，原始数据点用"×"标记出来。

表 3-4 某型号压力传感器的标定数据

压力 p/Pa	0.0	1.1	2.1	2.8	4.2	5.0	6.1	6.9	8.1	9.0	9.9
输出电压 u/mV	10	11	13	14	17	18	22	24	29	34	39

7. RLC 动态电路如图 3-14 所示，已知 $R_1=4\Omega, R_2=2\Omega, L=1H, C=0.5F, u_C(0_+)=4V, i_L(0_+)=3A$，求 $t \geqslant 0$s 时的电容电压 $u_C(t)$ 的曲线。本题要求分别采用 dsolve 函数和 ode45 函数来对常微分方程求解析解和数值解。

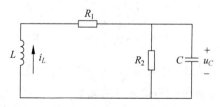

图 3-14 RLC 动态电路

8. 分别采用 quad 和 trapz 函数计算 $y=\text{humps}(x)$ 曲线下的面积。

第 4 章 Simulink 仿真应用实例

【本章导学】

Simulink 作为一种可视化仿真工具,是 MATLAB 不可或缺的一部分。它提供图形编辑器、可自定义的模块库以及求解器,能够进行动态系统建模和仿真,能够对任何能用数学模型来描述的系统进行仿真分析,在空气动力学、导航制导、通信、电子、机械、热力学等诸多领域具有广泛应用。

本章主要介绍 Simulink 的发展历史、集成环境、模块的基本操作、常用模块库以及基本仿真步骤,并重点讲解电力电子电路的 Simulink 建模与仿真,包括直流电路的 MATLAB 计算及仿真,正弦交流电路的 MATLAB 计算及仿真,动态电路时域分析的 MATLAB 实现,数字电路的 MATLAB 实践,功率电子电路的 MATLAB 计算及仿真。通过本章的学习,读者可以对在电工技术各领域里运用 MATLAB 计算及仿真的原理、模型、程序编制、仿真步骤与方法,由慢慢了解、熟悉到逐步掌握,再到熟练运用。

【学习目标】

(1) 熟悉 Simulink 的工作环境与常用模块库;
(2) 掌握 Simulink 模块的基本操作与仿真步骤;
(3) 掌握各类电力电子电路的 Simulink 建模与仿真。

4.1 Simulink 快速入门

基于框图仿真平台的 Simulink 是在 1993 年发行的,它是以 MATLAB 强大计算功能为基础,以直观的模块框图进行仿真和计算的。Simulink 提供了各种仿真工具,尤其是它不断扩展的、内容丰富的模块库,为系统仿真提供了极大的便利。在 Simulink 平台上,通过拖拉和连接典型的模块就可以绘制仿真对象的框图,对模型进行仿真。仿真模型可读性强,避免了在 MATLAB 窗口中使用 MATLAB 命令和函数仿真时需要熟悉或记忆大量函数的问题。

由于 Simulink 原本是为控制系统的仿真而建立的工具箱,在使用中易编程、易拓展,并且可以解决 MATLAB 不易解决的非线型、变系数等问题,它能支持连续系统和离散系统的仿真,并且支持多种采样频率系统的仿真,也就是不同的系统能以不同的采样频率组合,这样就可以仿真较大、较复杂的系统。在各学科领域,人们根据自己的需要,以 MATLAB 为基础,开发了大量的专用仿真程序,把这些程序以模块的形式放入 Simulink 中,就形成了多种多样的模块库。

Simulink 可以用来对动态系统进行建模、仿真和分析,支持连续的、离散的及线性的和非线性的系统,还支持具有多种采样速率的系统。Simulink 是面向框图的仿真软件,具有以下特点:

(1) 用绘制方框图代替编写程序,结构和流程清晰。

(2) 智能化地建立和运行仿真,仿真精细,贴近实际。自动建立各环节的方程,自动地在给定精度要求下以最快速度进行系统仿真。

(3) 适应面广,包括线性、非线性系统,连续、离散及混合系统,单任务、多任务离散事件系统。

4.1.1 Simulink 的工作环境

图 4-1 给出了 Simulink 模型窗口,主要包括菜单栏、工具栏与状态栏等。

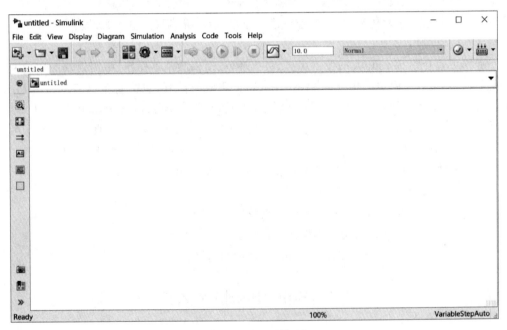

图 4-1 Simulink 模型窗口

(1) 菜单栏

菜单栏包括 File(文件)、Edit(编辑)、View(查看)、Display(显示)、Diagram(图表)、Simulation(仿真)、Tools(工具)和 Help(帮助)等主要功能菜单。其中 File(文件)菜单包含了创建新的文件、保存以及打开模型等相关操作。Edit(编辑)菜单主要包括剪切、复制、清除、恢复操作以及撤销前次操作等相关操作。View(查看)菜单主要用来设置界面的各类栏目的隐藏和显示以及界面比例调整等。其他菜单功能在后续使用时加以介绍。

(2) 工具栏

Simulink 工具栏如图 4-2 所示,图中已经给出该工具栏主要按键的功能。作为 Simulink 仿真的常用快捷操作,这部分按键也可以在菜单栏相关菜单中找到。

(3) 状态栏

状态栏在窗口下方。当启动仿真后,在该栏中可以提示仿真进度和使用的仿真算法。

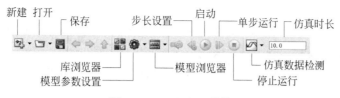

图 4-2　Simulink 工具栏

Ready 表示模型已准备就绪而等待仿真命令,100%表示编辑窗模型的显示比例,Variable Step Auto 表示仿真所选用的积分算法为自动的(步长自动变化)。在仿真过程中,状态栏还会出现动态信息。

4.1.2　模块基本操作

(1) 模块的提取

Simulink 有以下三种常用方式提取模型库中的模块到仿真平台:

第一种,在模型浏览器窗口选中所需要的模块,在 Edit 菜单栏下选择 add to current model 命令。

第二种,右击模块,选择 Copy 命令,然后在仿真平台上右击,选择 Paste 命令即可。

第三种,选中所需要的模块,按住鼠标左键将模型图表拖到平台上,然后松开鼠标即可。这是最常用的快捷方法。

(2) 模块的复制、粘贴与删除

在不同模型窗口(包括模型库窗口)之间的模块复制很简单,只要选定模块,用鼠标将其拖到另一个模型窗口即可;而在同一模型窗口内复制模块则需要按住 Ctrl 键,再用鼠标将对象拖曳到合适的地方,然后释放鼠标。而删除模块只需要选中要删除的模块,按键盘上的 Delete 键即可。

(3) 模块的移动、放大和缩小

移动模块只需要将光标指针移到该模块上,按住鼠标左键拖动该模块到相应的位置即可。放大或缩小模块需要选中该模块,然后将光标移到模块四角的小黑块上,当光标变成双向小箭头时,按下鼠标左键,按箭头方向拖动,即可调节模块图标外形的大小。

(4) 模块的转动

转动模块需在选中该模块后右击鼠标,弹出快捷菜单,选择 Format 右拉菜单中的 Flip Block 与 Rotate Block 命令即可,Flip Block 命令使模块水平翻转,Rotate Block 命令使模块顺时针旋转 90°。

(5) 模块的参数设置

双击模块,弹出参数对话框,在设置栏中可以按要求输入参数,结束后单击 OK 按钮关闭对话框。模块参数在仿真过程中是不能进行修改的。

(6) 模块的连接与删除

模块与模块之间需要用信号线连接,连接的方法是将光标指针指向模块的端口,对准后光标变成"+",这时按下鼠标左键并拖动"+"到另一个模块的端口后松开鼠标左键,在两个模块的输出和输入端就出现了带箭头的连线,并且箭头实现了信号的流向。

如果要在信号线的中间拉出分支连接另一个模块,可以将光标移到需要分岔的地方,同时按住 Ctrl 键和鼠标左键,这时可以看到光标变成"＋",按住鼠标左键,拖动鼠标就可以拉出一根支线,然后将支线引到另一输入端口后松开鼠标即可。

如果要删除信号线,可以选中该信号线,按键盘上的 Delete 键即可。

4.1.3　Simulink 常用模块库介绍

在模型浏览器中,属于 Simulink 的模型有 19 类,其中激励源模块库和仪器仪表库是比较特殊的,这两个模块库中的模块只有一个端口,激励源模块库只有输出端口,用来为系统提供各种输入信号,而仪器仪表库只有输入端口,用来观测或记录系统在输入信号作用下产生的响应。其他模块库的模块都同时有输入和输出两个端口,这些模块组成仿真系统模型。下面简要介绍常用的几种模块库及部分模块的功能。

1. 连续系统模块库与离散系统模块库

连续系统模块库主要用来构建连续系统仿真模型,包括积分、微分、延迟模块。离散系统模块库主要用来构建对离散信号处理的仿真模型,包括离散传递函数、保持器模块等。由于库内模块较多,故本书只介绍常用模块,模块的图标如图 4-3 所示,模块的功能如表 4-1 所示。

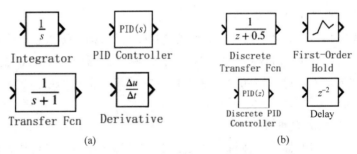

图 4-3　连续系统模块库与离散系统模块库常见模块的图标

(a)连续系统模块库；(b)离散系统模块库

表 4-1　连续系统模块库与离散系统模块库常见模块的功能介绍

模块名称	模块功能	模块名称	模块功能
Derivative	对输入信号进行微分	Delay	离散延时
Integrator	对输入信号进行积分	Discrete Transfer Fcn	建立离散传递函数
PID Controller	连续 PID 控制器	Discrete PID Controller	离散 PID 控制器
Transfer Fcn	建立线性传递函数	First-Order Hold	一阶采样保持器

2. 数学运算模块库与逻辑和位操作模块库

数学运算模块库与逻辑和位操作模块库中的模块主要用来完成各种数学运算,包括复数计算、逻辑运算等。部分常见模块图标如图 4-4 所示,模块功能如表 4-2 所示。

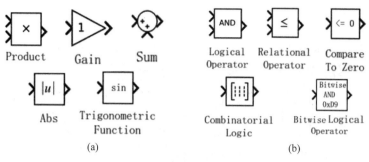

图 4-4 数学运算模块库与逻辑和位操作模块库常见模块的图标
(a) 数学运算模块库；(b) 逻辑和位操作模块库

表 4-2 数学运算模块库与逻辑和位操作模块库常见模块的功能介绍

模块名称	模块功能	模块名称	模块功能
Abs	对输入求绝对值	Logical Operator	逻辑运算
Gain	增益	Relational Operator	比较操作符
Product	对输入求积	Compare To Zero	与零比较
Sum	对输入求代数和	Combinatorial Logic	建立逻辑真值表
Trigonometric Function	三角函数运算	Bitwise Logical Operator	按位逻辑运算

3. 信号传输模块库与输出模块库

信号传输模块库主要用于信号的传输，包括合成信号的分解、多个信号的合成、信号的选择输出等模块。输出模块库主要用于信号的观测和记录，包括示波器等。两个库的部分模块图标如图 4-5 所示，模块功能如表 4-3 所示。

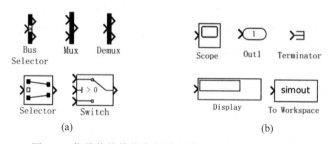

图 4-5 信号传输模块库与输出模块库常见模块的图标
(a) 信号传输模块库；(b) 输出模块库

表 4-3 信号传输模块库与输出模块库常见模块的功能介绍

模块名称	模块功能	模块名称	模块功能
Bus Selector	总线信号选择输出	Scope	示波器
Demux	将总线信号分解输出	Out1	输出端口
Mux	将输入的多路信号汇入总线输出	To Workspace	将信号写入工作空间
Switch	根据门槛数值，选择开关输出	Display	将信号以数字方式显示
Selector	建立输入和输出的匹配连接	Terminator	封锁信号

4. 信号源模块库

信号源模块库中的模块主要是为系统提供各种激励信号,包括脉冲发生器、正弦波信号等。常见模块的图标如图 4-6 所示,模块功能如表 4-4 所示。

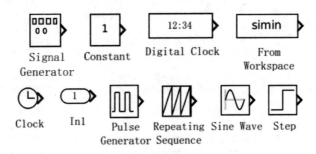

图 4-6 信号源模块库常见模块的图标

表 4-4 信号源模块库常见模块的功能介绍

模 块 名 称	模 块 用 途	模 块 名 称	模 块 用 途
Clock	产生时间信号	Pulse Generator	脉冲发生器
Constant	生成一个常值	Signal Generator	产生不同形状的信号
Digital Clock	按采样间隔显示时间	Sine Wave	正弦波信号
From Workspace	从工作空间读出数据	Step	阶跃信号
In1	为系统提供输入端口	Repeating Sequence	锯齿波信号

4.1.4 Simulink 仿真步骤

在 Simulink 环境下,仿真的一般过程是首先打开一个空白的编辑窗口,然后将需要的模块从模块库中复制到编辑窗口中并连接起来,按照需要设置各模块的参数,确定好仿真参数后就可以对整个模型进行仿真了。下面以简单正弦波输出为例,说明仿真步骤。

(1) 新建 Simulink 文件。

图 4-7 正弦波输出模型

(2) 在模块库中找到 Sine Wave 与 Scope 模块,拖动到仿真平台中进行如图 4-7 所示的连接。

(3) 模块参数设置。双击 Sine Wave 模块,打开模块对话框,进行如图 4-8 所示的参数设置。

(4) 仿真参数设置。选择主菜单的 Simulation/Model Configuration Parameters 选项,打开仿真参数设置窗口,如图 4-9 所示。该对话框中有多个选项卡,其内容为 Solver(求解器)、Data Import/Export(数据 I/O)、Math and Data Types(计算和数据类型)、Diagnostics(诊断)等。图 4-9 所示的参数设置情况为:求解器类型选择变步长型,仿真算法设置为自动选取,仿真开始时间为 0,结束时间为 0.2s。

(5) 单击工具栏上的开始按钮进行仿真,结束后打开示波器,得到如图 4-10 所示的曲线。

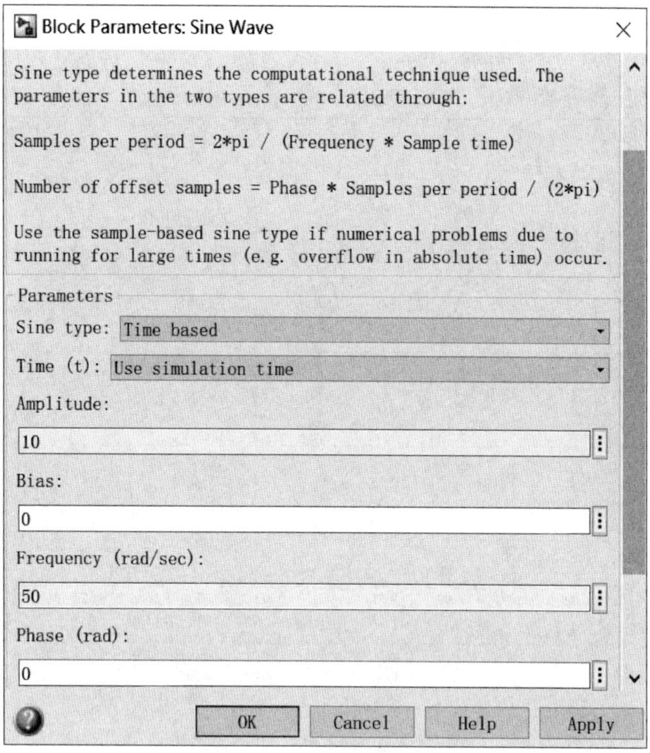

图 4-8　正弦波参数设置

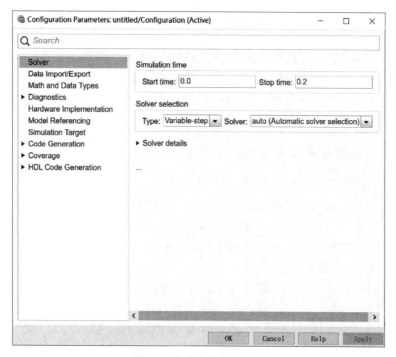

图 4-9　仿真参数设置窗口

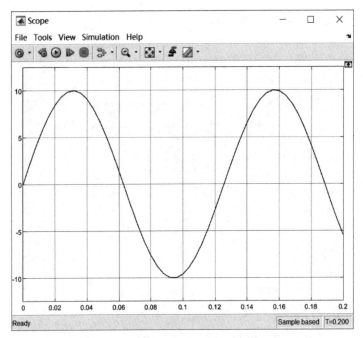

图 4-10 仿真结果

4.2 电力电子电路的建模与仿真

4.2.1 直流稳态电路的仿真分析

电路中最简单且最常用的电阻连接形式是串联与并联。电路的结构形式五花八门,既有单一回路电路,也有复杂电路。分析计算电路的基本工具是欧姆定律与基尔霍夫定律,但分析计算电路的方法仍多种多样。本节介绍基于"电气系统(SimPowerSystems)"实体图形化模型的仿真。

1. 简单直流稳态电路的 Simulink 仿真

【例 4-1】 已知某直流电路如图 4-11 所示,试求电路中各支路电流以及 R_3 两端电压,其中 $U_1 = 120V$、$U_2 = 80V$、$R_1 = 20\Omega$、$R_2 = 5\Omega$、$R_3 = 6\Omega$。

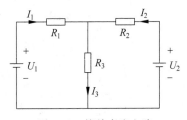

图 4-11 简单直流电路

(1) 新建仿真模型 LT1.slx,将仿真所需模块提取至该仿真模型,提取路径如表 4-5 所示。

(2) 根据图 4-11 进行仿真模型连线并双击不同模块进行参数设置。模型如图 4-12 所示。需要注意的是,Series RLC Branch 模块需要设置 Branch type 为 R 才能显示电阻样式,具体设置如图 4-13 所示。完成后单击主菜单 Simulation/Model Configuration Parameters 选项,打开仿真参数设置窗口,设置停止时间为 1s,其他参数采用默认值,单击"仿真开始"按钮即可。

表 4-5　简单直流电路模块提取路径

名　称	路　径
直流电源	Simscape/Electrical/Specialized Power Systems/Fundamental Blocks/Electrical Sources/DC Voltage Source
电　阻	Simscape/Electrical/Specialized Power Systems/Fundamental Blocks/Elements/Series RLC Branch
电压测量	Simscape/Electrical/Specialized Power Systems/Fundamental Blocks/Measurements/Voltage Measurement
电流测量	Simscape/Electrical/Specialized Power Systems/Fundamental Blocks/Measurements/Current Measurement
数字显示	Simulink/Sinks/Display
powergui	Simscape/Electrical/Specialized Power Systems/Fundamental Blocks/powergui

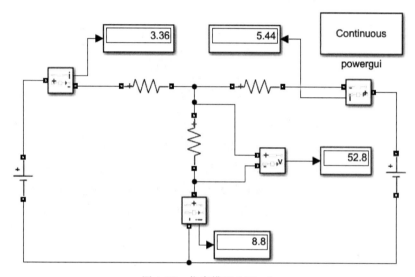

图 4-12　仿真模型 LT1.slx

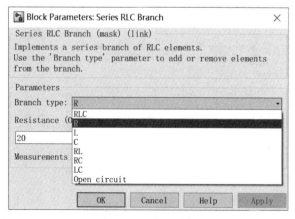

图 4-13　电阻属性设置

(3) 通过仿真模型设置的电压测量与电流测量分流器及其显示仪表，可以直接读出各支路的电流 $I_1=3.36A$、$I_2=5.44A$、$I_3=8.8A$，R_3 两端电压 $U=52.8V$。

2. 受控源电路的 Simulink 仿真

【例 4-2】 已知含受控电压源的稳态电路如图 4-14 所示，试求电路电流、R_1 两端电压以及 R_2 消耗的功率，其中 $U_3=500V$、$U_4=200V$、$R_1=100\Omega$、$R_2=10\Omega$。

(1) 新建仿真模型 LT2.slx，将仿真所需模块提取至该仿真模型，提取路径如表 4-6 所示。前文已使用过模块的提取路径与参数设置，这里不再赘述。

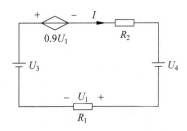

图 4-14 受控电压源电路

表 4-6 受控电压源电路模块提取路径

名称	路径
受控电压源模块	Simscape/Electrical/Specialized Power Systems/Fundamental Blocks/Electrical Sources/Controlled Voltage Source
乘积运算模块	Simulink/Simulink/Commonly Used Blocks/Product
增益模块	Simulink/Commonly Used Blocks/Gain

(2) 根据图 4-14 进行仿真模型连线并双击不同模块进行参数设置，模型如图 4-15 所示。需要注意的是，受控电压源模块的电压值为直流电压源 U_3 的 90%（即增益模块参数设置为 0.9），因此通过电压测量模块获取电压值，乘以 0.9 的增益后连接至受控源的 S 端口即可。另外，电阻 R_2 的功率大小无法直接测量，需要通过电压与电流测量模块分别测出该电阻的电压与电流值，并通过乘积运算模块将两值相乘，输出的功率大小采用数字显示模块显示。完成后设置停止时间为 1s，其他参数采用默认值。单击"仿真开始"按钮即可。

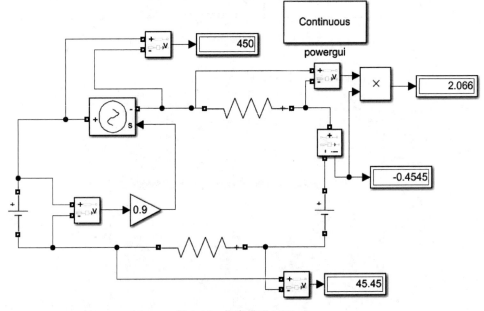

图 4-15 仿真模型 LT2.slx

(3) 通过仿真模型设置的电压测量与电流测量分流器及其显示仪表，可以直接读出电流 $I=-0.45\text{A}$、R_1 两端电压 $U=45.45\text{V}$、R_2 消耗的功率为 2.066W。值得注意的是，电流值为负数表示电流实际方向与电流测量模块的正方向相反。

【例 4-3】 已知含受控电流源的稳态电路如图 4-16 所示，受控电流源大小为 $2I_2$，试求受控电流源两端的电压大小与提供功率大小。其中 $I_4=2I_2$、$I_3=4\text{A}$、$R_1=2\Omega$、$R_2=6\Omega$。

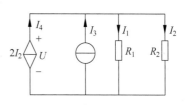

图 4-16 受控电流源电路

(1) 新建仿真模型 LT3.slx，将仿真所需模块提取至该仿真模型，提取路径如表 4-7 所示。前文已使用过模块的提取路径与参数设置，这里不再赘述。

表 4-7 受控电流源电路模块提取路径

名 称	路 径
受控电流源模块	Simscape/Electrical/Specialized Power Systems/Fundamental Blocks/Electrical Sources/Controlled Current Source
常 量	Simulink/Commonly Used Blocks/Constant

(2) 根据图 4-16 进行仿真模型连线并双击不同模块进行参数设置，模型如图 4-17 所示。需要注意的是，Simulink 中无法直接使用电流源模块，而是采用受控电流源与常量模块构成，本例中将常量模块的值设置为 4，连接至受控源的 S 端口即可。另外，本电路中的受控电流源的电流大小为 $2I_2$，需要通过电流测量模块测出电阻 R_2 的电流值，乘以值为 2 的增益模块后连接至受控源的 S 端口。完成后设置停止时间为 1s，其他参数采用默认值。单击"仿真开始"按钮即可。

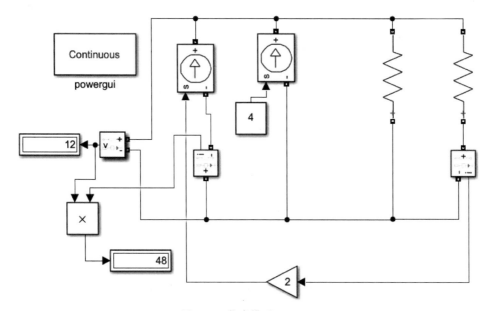

图 4-17 仿真模型 LT3.slx

(3) 通过仿真模型设置的电压测量与电流测量模块及其显示仪表,可以直接读出受控电流源两端电压大小为12V,提供功率为48W。

3. 电压源与电流源作用的直流稳态电路的 Simulink 仿真

【**例 4-4**】 已知某直流稳态电路如图 4-18 所示,试求电路中支路电流 I_1,其中 $U_1=10V$、$I_2=1A$、$R_1=R_2=R_3=R_4=1\Omega$。

(1) 新建仿真模型 LT4.slx,将仿真所需模块提取至该仿真模型,所有所需模块在前文使用过,故不再赘述。

(2) 根据图 4-18 进行仿真模型连线并双击不同模块进行参数设置,模型如图 4-19 所示。完成后设置停止时间为 1s,其他参数采用默认值。单击"仿真开始"按钮即可。

(3) 通过仿真模型设置的电流测量模块及其显示仪表,可以直接读出 R_3 支路电流大小为 2.2A。

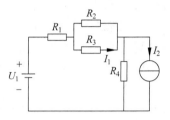

图 4-18 电压源与电流源作用的直流稳态电路(1)

【**例 4-5**】 已知某直流稳态电路如图 4-20 所示,试求电路中支路电流 I_1,其中 $U_1=6V$、$U_2=12V$、$I_s=2A$、$R_1=3\Omega$、$R_2=6\Omega$、$R_3=1\Omega$、$R_4=1\Omega$、$R_5=2\Omega$。

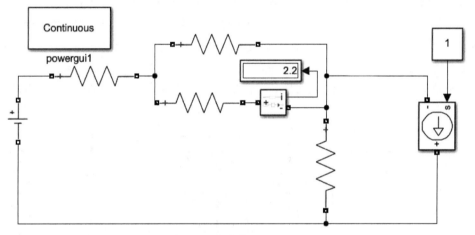

图 4-19 仿真模型 LT4.slx

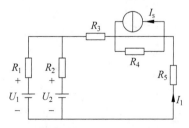

图 4-20 电压源与电流源作用的直流稳态电路(2)

(1) 新建仿真模型 LT5.slx,将仿真所需模块提取至该仿真模型,所有所需模块在前文都使用过,故不再赘述。

(2) 根据图 4-20 进行仿真模型连线并双击不同模块进行参数设置,模型如图 4-21 所示。完成后设置停止时间为 1s,其他参数采用默认值。单击"仿真开始"按钮即可。

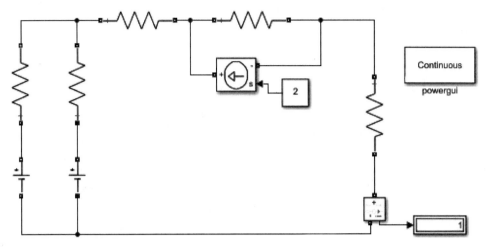

图 4-21 仿真模型 LT5.slx

(3) 通过仿真模型设置的电流测量模块及其显示仪表,可以直接读出 R_5 支路电流大小为 1A。

4.2.2 正弦交流电路的仿真分析

若电路中所有激励与响应的电压、电流均为同频率的正弦量,则这种电路称为正弦交流电路。正弦交流电路在电工技术中得到了广泛的应用。本节介绍 RLC 元件交流电路及其 Simulink 模型仿真。

1. 简单正弦交流电路的 Simulink 仿真

【例 4-6】 已知 RLC 串联电路(如图 4-22 所示)中,交流电压 $u=100\sqrt{2}\sin 5000t \text{ V}, R=15\Omega, L=12\text{mH}, C=5\mu\text{F}$,试求电路中的电流 i 与各元件上的电压波形。

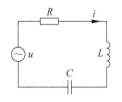

图 4-22 RLC 串联电路

(1) 新建仿真模型 LT6.slx,将仿真所需模块提取至该仿真模型,提取路径如表 4-8 所示。前文已使用过模块的提取路径与参数设置,这里不再赘述。

表 4-8 简单正弦交流电路模块提取路径

名 称	路 径
交流电压源	Simscape/Electrical/Specialized Power Systems/Fundamental Blocks/Electrical Sources/AC Voltage Source
示波器	Simulink/Commonly Used Blocks/Scope

(2) 根据图 4-22 进行仿真模型连线并双击不同模块进行参数设置。模型如图 4-23 所示。需要注意的是,该电路中包含的 C、L 以及 R 元件都采用 Series RLC Branch 模块,双击模块设置 Branch type 为 C、L 与 R 才能显示电容、电感以及电阻样式。本模型中示波器

模块需设置为 5 通道，具体操作为：双击示波器模块后，单击 View/Configuration Properties，将 Number of input ports 改成 5 即可。本模型中采用的 AC Voltage Source 设置如图 4-24 所示。完成后设置停止时间为 0.0015s，其他参数采用默认值。单击仿真开始按钮即可。

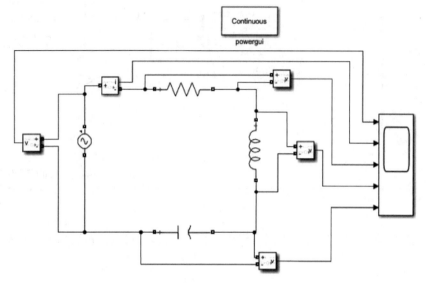

图 4-23 仿真模型 LT6.slx

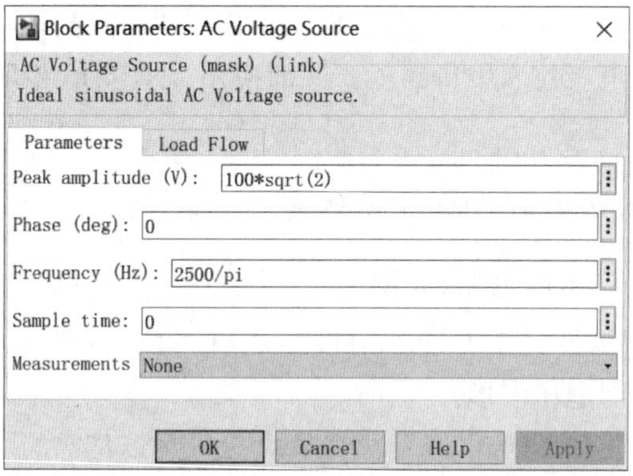

图 4-24 交流电压源属性设置

（3）双击示波器模块可直接查看仿真波形。为区分每个通道的测量量，可将鼠标指向示波器任意曲线区，单击右键，选中 Configuration Properties 命令，在弹出框的 Title 中修改波形名称。该示波器 5 个通道的命名分别为"电源电压 u""电路电流 i""电阻电压 uR""电感电压 uL""电容电压 uC"。具体波形如图 4-25 所示。

由图 4-25 可见，电压波形与其数学表达式完全一致；电感电压 u_L、电容电压 u_C、电阻电压 u_R 与总电压 u 的相位关系，u_C 与 u_L 的相反相位都一目了然。

【例 4-7】 已知 RLC 并联电路（如图 4-26 所示）中，交流电压 $u=220\sqrt{2}\sin 314t\text{V}$，$R_1=3\Omega$，$R_2=8\Omega$，$x_L=4\Omega$，$x_C=6\Omega$，试求电路中的总电流 i 与各支路上的电流波形。

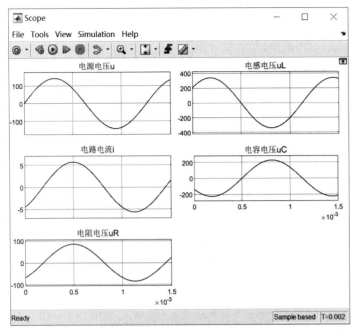

图 4-25　RLC 串联电路仿真波形

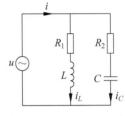

图 4-26　RLC 并联电路

（1）新建仿真模型 LT7.slx，将仿真所需模块提取至该仿真模型。

（2）根据图 4-26 进行仿真模型连线并双击不同模块进行参数设置，模型如图 4-27 所示。需要注意的是，本例中交流电压源的频率为 $\dfrac{\omega}{2\pi}=50\text{Hz}$，而题目给出的 x_L 与 x_C 并非电感与电容值，需要分别除以 ω 得到。另外，本模型中示波器模块需设置为 4 通道。设置停止时间为 0.04s，其他参数采用默认值。单击"仿真开始"按钮即可。

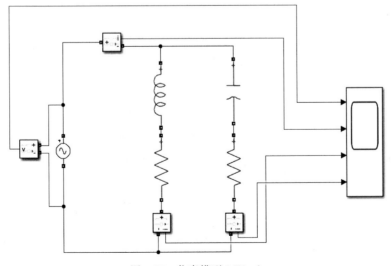

图 4-27　仿真模型 LT7.slx

(3) 双击示波器模块可直接查看仿真波形,具体波形如图 4-28 所示。由波形图可见,电源电压相位为 0,总电流 i、电感电流 i_L 与电容电流 i_C 的相位与数学表达式完全一致。

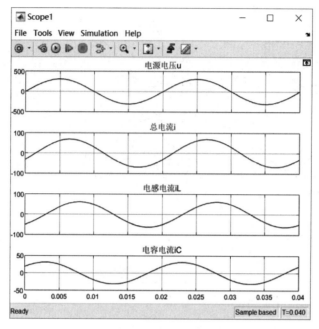

图 4-28　RLC 并联电路仿真波形

2. 复杂正弦交流电路的 Simulink 仿真

【例 4-8】　已知复杂正弦交流电路如图 4-29 所示,交流电压 $u_1 = 230\sqrt{2}\sin 314t$ V,$u_2 = 227\sqrt{2}\sin 314t$ V,$z_1 = (0.1+0.5j)\Omega$,$z_2 = (0.1+0.5j)\Omega$,$z_3 = (5+5j)\Omega$,试求电路中的电流 i_1、i_2 与 i_3 的波形以及有效值。

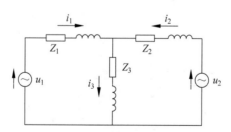

图 4-29　复杂正弦交流电路

(1) 新建仿真模型 LT8.slx,将仿真所需模块提取至该仿真模型,提取路径如表 4-9 所示,前文已使用过模块的提取路径与参数设置,这里不再赘述。

表 4-9　复杂正弦交流电路模块提取路径

名　称	路　径
有效值测量	Simscape/Electrical/Power Systems/Control/Measurements/RMS Measurement

(2) 根据图 4-29 进行仿真模型连线并双击不同模块进行参数设置,模型如图 4-30 所示。需要注意的是,该电路中包含的三个阻抗元件都采用 Series RLC Branch 模块,双击模块设置 Branch type 为 RL 才能显示电阻电感串联样式。本例中交流电压源的频率为 $\frac{\omega}{2\pi} = 50\text{Hz}$,题目给出的 Z_1、Z_2 与 Z_3 中电阻值可直接使用,而电感值需将虚部分别除以 ω 得到。另外,本例需要用到有效值测量模块,双击模块设置频率与本例中交流电压源一致,即 50Hz。设置停止时间为 0.04s,其他参数采用默认值。单击"仿真开始"按钮即可。

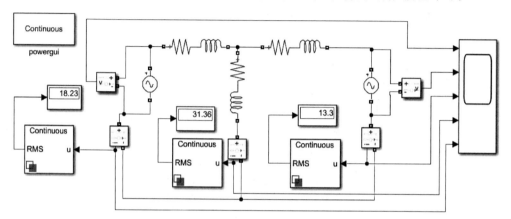

图 4-30　仿真模型 LT8.slx

(3) 3 个电流检测经有效值测量模块 RMS 后进行数字显示,其显示的数据与理论计算一致。双击示波器模块可直接查看仿真波形,如图 4-31 所示,读者可通过理论计算比对仿真波形的相位与幅值关系。

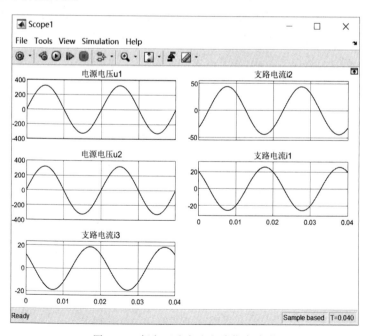

图 4-31　复杂正弦交流电路仿真波形

4.2.3 动态电路的仿真分析

电路中所有的响应或是恒稳不变,或是按周期规律变化的这种工作状态叫作稳定状态,简称稳态。电路从一种稳定状态变换到另一种稳定状态所经历的过程称为过渡过程或暂态过程,其间的电路非稳定状态叫作瞬变状态或暂态。电路的暂态过程是由于储能元件的能量不能跃变所产生的。本节介绍暂态过程时域分析的 Simulink 实现。

1. 线性电路动态过程的 Simulink 仿真

【例 4-9】 已知一线性电路如图 4-32 所示,其中 $U_s=6V$、$R_1=2\Omega$、$R_2=4\Omega$,开关 S 于 1s 时闭合,仿真验证电路开关 S 换路前、后各支路电流波形。

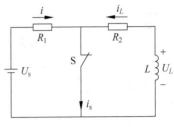

图 4-32 线性电路(1)

(1) 新建仿真模型 LT9.slx,将仿真所需模块提取至该仿真模型,提取路径如表 4-10 所示。前文已使用过模块的提取路径与参数设置,这里不再赘述。

表 4-10 线性电路(1)模块提取路径

名 称	路 径
理想开关	Simscape/Electrical/Specialized Power Systems/Fundamental Blocks/Power Electronics /Ideal Switch
阶跃信号	Simulink/Sources/Step

(2) 根据图 4-32 进行仿真模型连线并双击不同模块进行参数设置。模型如图 4-33 所示。需要注意的是,该电路采用阶跃信号控制开关闭合与关断。具体设置如图 4-34 所示,初始值为 0,终值为 1,跳变时间为 1s,即开关在 1s 时由关断变为闭合。设置仿真停止时间为 6s,其他参数采用默认值。单击"仿真开始"按钮即可。

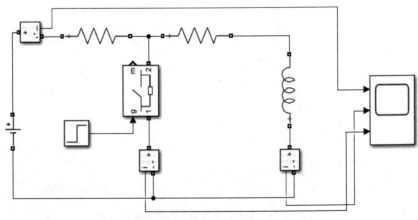

图 4-33 仿真模型 LT9.slx

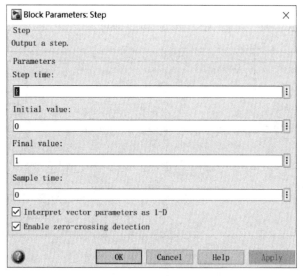

图 4-34 阶跃信号属性设置

(3) 3 个电流检测经示波器显示。双击示波器模块可直接查看仿真波形,如图 4-35 所示。可以看到,开关闭合前系统稳态电流为 1A,电感充电完成。开关闭合后稳态电流为 3A,电感放电结束后电流归零。

【例 4-10】 已知一线性电路如图 4-36 所示,其中 $U_s=50$V、$R_1=R_2=5\Omega$、$R_3=20\Omega$,开关 S 于 0.1s 时闭合,仿真验证电路开关 S 换路前、后各支路电流与电压波形。

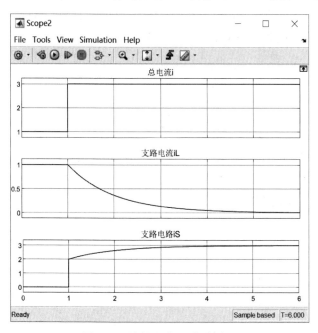

图 4-35 线性电路(1)仿真波形

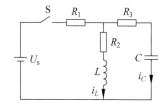

图 4-36 线性电路(2)

(1) 新建仿真模型 LT10.slx,将仿真所需模块提取至该仿真模型。
(2) 根据图 4-36 进行仿真模型连线并双击不同模块进行参数设置,模型如图 4-37 所示。需要注意的是,阶跃信号初始值为 0,终值为 1,跳变时间为 0.1s。设置停止时间为 0.3s,其他参数采用默认值。单击"仿真开始"按钮即可。

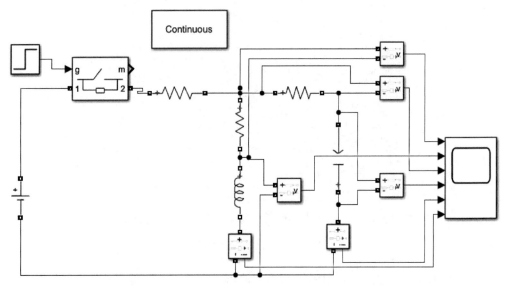

图 4-37 仿真模型 LT10.slx

(3) 2 个电流检测与 4 个电压检测经示波器显示。双击示波器模块可直接查看仿真波形,如图 4-38 所示,可以看到,开关闭合瞬间电容与电感充电,达到稳态后,电感电压与电容电流归零。

【例 4-11】 已知一线性电路如图 4-39 所示,其中 $I_s=1\text{A}$、$R_1=120\Omega$、$R_2=180\Omega$、$C=1\mu\text{F}$,开关 S 于 0s 处于闭合,仿真验证电路各支路电流与电压波形。

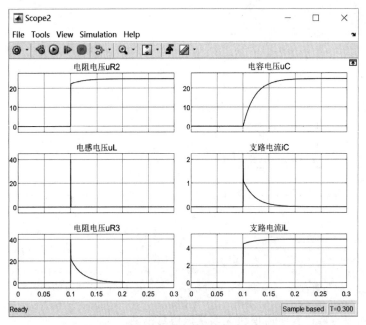

图 4-38 线性电路(2)仿真波形

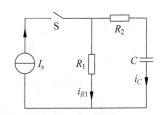

图 4-39 线性电路(3)

(1) 新建仿真模型 LT11.slx,将仿真所需模块提取至该仿真模型。

(2) 根据图 4-39 进行仿真模型连线并双击不同模块进行参数设置,模型如图 4-40 所示。需要注意的是,由于开关为闭合状态,故采用常量模块作为控制信号,常量模块值设置为 1。设置停止时间为 0.01s,其他参数采用默认值。单击"仿真开始"按钮即可。

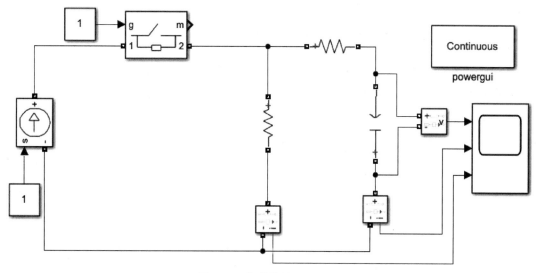

图 4-40　仿真模型 LT11.slx

(3) 2 个电流检测与 1 个电压检测经示波器显示。双击示波器模块可直接查看仿真波形,如图 4-41 所示,可以看到,开关闭合瞬间电容充电,达到稳态后,电容电流归零。

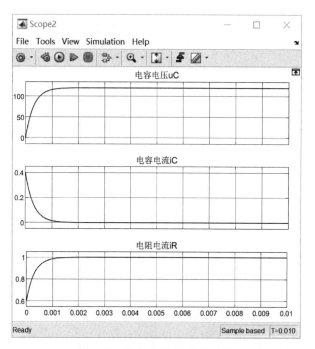

图 4-41　线性电路(3)仿真波形

2. 二阶电路动态过程的 Simulink 仿真

【例 4-12】 已知某二阶电路如图 4-42 所示，其中 $U_s = 0\text{V}$、$R = 100\Omega$、$L = 1.4\text{H}$、$C = 10\mu\text{F}$，$i_L(0) = 0.01\text{A}$，$u_C(0) = 5\text{V}$。仿真验证该二阶电路电感电流与电容电压波形。

图 4-42　某二阶电路

(1) 新建仿真模型 LT12.slx，将仿真所需模块提取至该仿真模型。

(2) 根据图 4-42 进行仿真模型连线并双击不同模块进行参数设置，模型如图 4-43 所示。设置停止时间为 0.2s，其他参数采用默认值。单击"仿真开始"按钮即可。

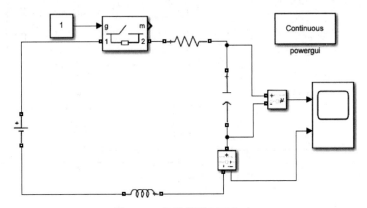

图 4-43　仿真模型 LT12.slx

(3) 1 个电流检测与 1 个电压检测经示波器显示。双击示波器模块可直接查看仿真波形，如图 4-44 所示，可以看到，由于电源电压为零，该电路通过电容与电感存储的能量进行放电，放电结束后电感电流与电容电压都归零。

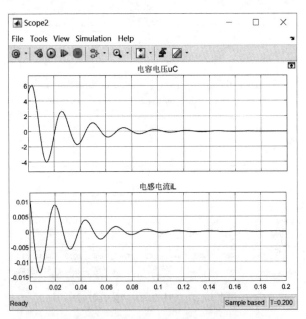

图 4-44　某二阶电路仿真波形

4.2.4 数字电路的仿真分析

为进行数字电路的仿真,先介绍 Simulink 系统中门电路逻辑模块组的提取路径:依次选择 Simulink/Logic and Bit Operations/Logic Operator,在任意模型中双击打开 Logic Operator 模块属性对话框,Operator 选项的下拉框提供了 AND(与门)、OR(或门)、NAND(与非门)、NOR(或非门)、XOR(异或门)、NOT(非门)等基本逻辑门模块,如图 4-45 所示。还可在"Number of Input Ports"对话框内改变门电路输入端口的输入信号数。其他参数均采用系统默认值即可。

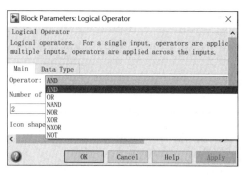

图 4-45 Logic Operator 模块属性对话框

1. 门电路的 Simulink 仿真

【例 4-13】 试对以下门电路创建电路的 MATLAB 数字模型并仿真检验逻辑状态表:
① 三输入端正逻辑与门(AND);
② 三输入端正逻辑或非门(NOR);
③ 两输入端正逻辑异或门(XOR)。
(1) 三输入端正逻辑与门(AND)
① 三输入端正逻辑与门逻辑状态表如表 4-11 所示。
② 创建三输入端正逻辑与门的 Simulink 模型 LT13.slx,如图 4-46 所示。

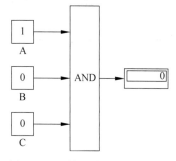

图 4-46 三输入端正逻辑与门的 Simulink 模型

表 4-11 三输入端正逻辑与门逻辑状态表

A	B	C	F
0	0	0	0
0	0	1	0
0	1	0	0
0	1	1	0
1	0	0	0
1	0	1	0
1	1	0	0
1	1	1	1

当分别改变逻辑变量 A、B、C 中的逻辑"1"与逻辑"0"时,运行模型即得到仿真结果,与以上逻辑状态表完全一致。

(2) 三输入端正逻辑或非门(NOR)

① 三输入端正逻辑或非门逻辑状态表如表 4-12 所示。

② 创建三输入端正逻辑或非门的 Simulink 模型,如图 4-47 所示。

表 4-12 三输入端正逻辑或非门逻辑状态表

A1	B1	C1	F1
0	0	0	1
0	0	1	0
0	1	0	0
0	1	1	0
1	0	0	0
1	0	1	0
1	1	0	0
1	1	1	0

当分别改变逻辑变量 A1、B1、C1 中的逻辑"1"与逻辑"0"时,运行模型即得到仿真结果,与以上逻辑状态表完全一致。

(3) 两输入端正逻辑异或门(XOR)

① 两输入端正逻辑异或门逻辑状态表如表 4-13 所示。

② 创建两输入端正逻辑异或门的 Simulink 模型,如图 4-48 所示。

表 4-13 两输入端正逻辑异或门逻辑状态表

A2	B2	F2
0	0	0
0	1	1
1	0	1
1	1	0

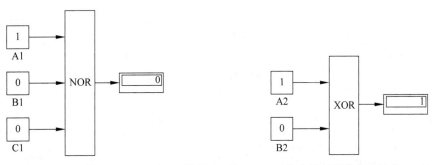

图 4-47 三输入端正逻辑或非门的 Simulink 模型   图 4-48 两输入端正逻辑异或门的 Simulink 模型

同样地,分别改变逻辑变量 A2、B2(常量模块)中的逻辑"1"与逻辑"0"时,运行模型即得到仿真结果,与以上逻辑状态表完全一致。

【例 4-14】 当两输入端 A 与 B 同为"1"或同为"0"时,输出为"1";当两输入端的状态不同时,输出为"0"。这种电路叫作同或电路。试创建同或电路的 MATLAB 模型并仿真检验逻辑状态表。

(1) 两输入端同或门逻辑状态表如表 4-14 所示。

(2) 创建两输入端同或门的 Simulink 模型 LT14.slx,如图 4-49 所示。

表 4-14 两输入端同或门逻辑状态表

A	B	F
0	0	1
0	1	0
1	0	0
1	1	1

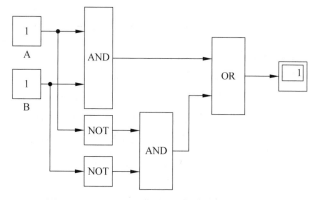

图 4-49 两输入端同或门的 Simulink 模型(1)

当分别改变逻辑变量 A、B 中的逻辑"1"与逻辑"0"时,运行模型即得到仿真结果,与以上逻辑状态表完全一致。该同或门的 Simulink 模型是按照同或运算的定义建立的,直接与逻辑状态表的逻辑式相对应。另外,可以基于逻辑式的布尔代数运算进行建模,如图 4-50 所示,其运算仿真结果与以上逻辑状态表完全一致。

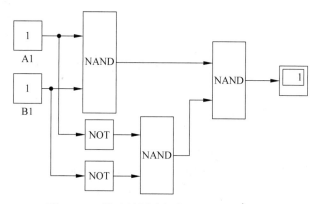

图 4-50 两输入端同或门的 Simulink 模型(2)

2. 组合逻辑电路的 Simulink 仿真

【例 4-15】 三人(A、B、C)表决器的功能为:每人有一电键,如果赞成,就按电键,表示"1";如果不赞成,就不按电键,表示"0"。表决结果用指示灯来表示,如果多数赞成则指示灯亮,

F=1；反之灯不亮，F=0。试创建三人表决器的 Simulink 模型并仿真检验逻辑状态表。

（1）三人表决器逻辑状态表如表 4-15 所示。

表 4-15　三人表决器逻辑状态表

A	B	C	F
0	0	0	0
0	0	1	0
0	1	0	0
0	1	1	1
1	0	0	0
1	0	1	1
1	1	0	1
1	1	1	1

（2）根据逻辑状态表写出逻辑式并化简。

运用布尔代数运算法则对逻辑式进行变换与化简：

$$F = AB\bar{C} + A\bar{B}C + \bar{A}BC + ABC$$
$$= AB\bar{C} + A\bar{B}C + \bar{A}BC + ABC + ABC + ABC$$
$$= AB(\bar{C} + C) + BC(\bar{A} + A) + CA(\bar{B} + B)$$
$$= AB + BC + AC$$
$$= AB + C(B + A)$$

（3）根据布尔代数运算结果绘制两种逻辑图，如图 4-51 和图 4-52 所示。

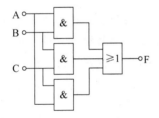

图 4-51　三人表决器逻辑图(1)

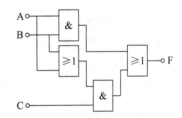

图 4-52　三人表决器逻辑图(2)

（4）根据两种逻辑图进行 Simulink 模型的创建，模型 LT15.slx 如图 4-53 与图 4-54 所示。

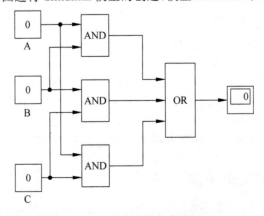

图 4-53　三人表决器仿真模型(1)

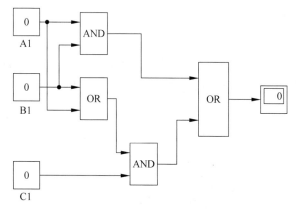

图 4-54 三人表决器仿真模型(2)

当分别改变逻辑变量 A、B、C 中的逻辑"1"与逻辑"0"时,运行模型即得到仿真结果,与以上逻辑状态表完全一致。

4.2.5 功率电子电路的仿真分析

在国民经济中,功率电子电路应用非常广泛,如不同电压等级、不同规格的直流与交流电源,直流电机与交流电机的调速,高压直流输电等。

功率电子电路中有关电能的变换与控制过程包含各种电路原理的分析与研究,大量的计算,电能变换的波形测量、绘制与分析等,这些工作特别适合采用 MATLAB 来进行。

通过本章的介绍,读者能够学会建立电力电子器件及其构成的各种变流电路的 Simulink 模型,并对模型进行仿真,为在实际工程中应用仿真打下基础。

1. 单相半波整流电路的 Simulink 仿真

【例 4-16】 已知单相半波不控整流电路如图 4-55 所示,其中负载电阻 $R=100\Omega$,电源电压有效值为 20V,频率为 50Hz。

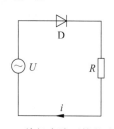

图 4-55 单相半波不控整流电路

(1) 试创建仿真模型,求出整流输出电压平均值 U_o 与电流平均值 I_o 以及负载电流有效值 I 并显示电源电压 u、输出电压 u_o 与电流 i_o 的波形;

(2) 若电路改为单相半波可控整流(其 $\alpha=45°$,电路其他参数不变),再仿真求出其整流输出 U_o、I_o 以及 I,并显示 u、u_o、i_o 的波形。

(1) 新建仿真模型 LT16.slx,将仿真所需模块提取至该仿真模型。提取路径如表 4-16 所示。前文已使用过模块的提取路径与参数设置,这里不再赘述。

表 4-16 单相半波不控整流电路模块提取路径

名 称	路 径
二极管	Simscape/Electrical/Specialized Power Systems/Fundamental Blocks/Power Electronics/Diode
线性平均值测量	Simscape/Electrical/Specialized Power Systems/Fundamental Blocks/Measurements/Additional Measurements/Mean

(2) 根据图 4-55 进行仿真模型连线并双击不同模块进行参数设置。模型如图 4-56 所示。需要注意的是，交流电源 AC 设置幅值为 $20\sqrt{2}\,\text{V}$，频率为 50Hz，电阻为 100Ω；有效值测量模块 RMS 与线性平均值测量模块 Mean 设置基频为 50Hz。另外，二极管 Diode 参数设置如图 4-57 所示。设置停止时间为 0.04s，其他参数采用默认值。单击"仿真开始"按钮即可。

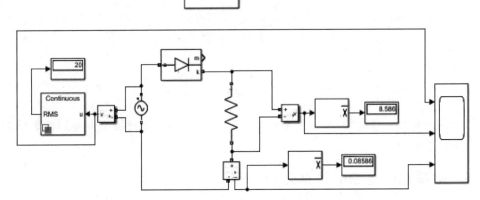

图 4-56　仿真模型 LT16.slx

(3) 由图 4-56 可以看到，模型运行后通过 Display 模块显示输出电压与电流平均值分别为 8.586V 和 0.08586A。1 个电流检测与 2 个电压检测经示波器显示。双击示波器模块可直接查看仿真波形，如图 4-58 所示，可以看到，阻性负载的整流电路的整流输出电压 u_o、负载电流 i_o 的波形是一致的，但两条曲线纵坐标的比例尺是不一样的。理论整流输出电压平均值 $U_o=0.45U=9\text{V}$，实际测量值为 8.586V，这是由于平均值测量模块的线性化阶次引起的误差与二极管压降引起的误差。负载电流平均值 I_o 误差理由同上。

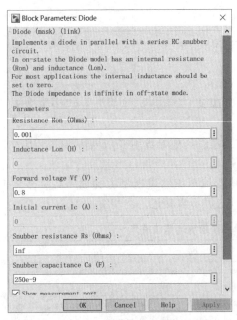

图 4-57　二极管"Diode"属性设置对话框

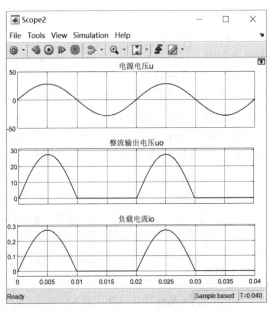

图 4-58　单相半波不控整流电路仿真波形

(4) 将图 4-56 模型中的二极管模块替换为晶闸管及其触发器,其他模块保持不变。模块提取路径如表 4-17 所示。

表 4-17 单相半波可控整流电路模块提取路径

名　称	路　径
脉冲信号发生器	Simulink/Sources/Pulse Generator
晶闸管	Simscape/Electrical/Specialized Power Systems/Fundamental Blocks/Power Electronics/Thyristor

替换后的模型如图 4-59 所示。需要注意的是,脉冲信号发生器 Pulse Generator 是一矩形方波信号发生器,且为矩形方波前沿触发,主要用于触发晶闸管。它是信号发生器,不需要任何输入信号。其相位延时参数 t 与晶闸管触发角 α 的关系可表示为 $t/T=\alpha/360°$。电网电压工频为 50Hz,换算成周期 $T=0.02\text{s}$,当 $\alpha=45°$ 时,可计算出相位延时时间 $t=0.0025\text{s}$。

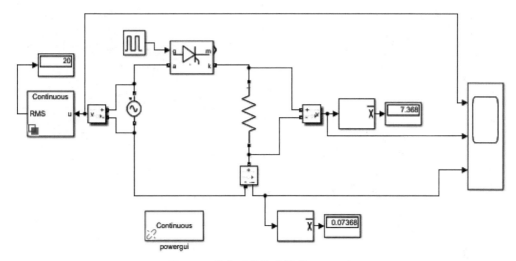

图 4-59　替换后的仿真模型 LT16.slx

脉冲信号发生器与晶闸管参数设置如图 4-60 所示。设置停止时间为 0.04s,其他参数采用默认值。单击"仿真开始"按钮即可。

(5) 由图 4-59 可以看到,模型运行后通过"Display"模块显示输出电压平均值与电流平均值分别为 7.368V 和 0.07368A。仿真波形如图 4-61 所示。波形曲线自上而下依次为交流电源电压 u、整流输出电压 u_o、负载电流 i_o。不难发现,阻性负载的整流电路的整流输出电压 u_o、负载电流 i_o 的波形是一致的,但两条曲线纵坐标的比例尺是不一样的。可控整流输出电压按题意可计算为 $U_\text{o}=0.45\times 20\times(1+\cos 45°)/2=7.682\text{V}$,与仿真输出平均值略有差异,这是由于平均值测量模块的线性化阶次与晶闸管压降引起的误差。因为 $\alpha=45°$,所以负载电压 u_o 或负载电流 i_o 是正弦半波形 $0°\sim 45°$ 的部分被削去了,这就是晶闸管移相触发控制。读者还可自行设置不同的 α 值进行仿真并分析。

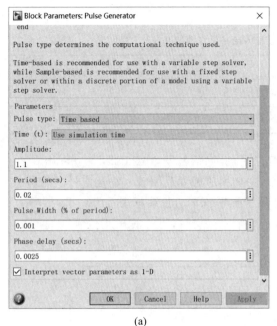 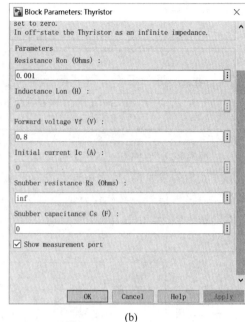

(a) (b)

图 4-60 参数设置对话框

(a) 脉冲信号发生器；(b) 晶闸管

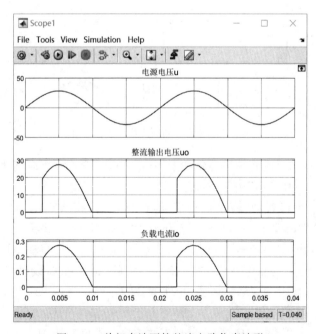

图 4-61 单相半波可控整流电路仿真波形

2. 单相桥式整流电路的 Simulink 仿真

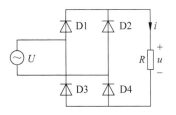

图 4-62 单相桥式不控整流电路

【例 4-17】 已知单相桥式不控整流电路如图 4-62 所示，电源电压 $U=100\text{V}$，负载电阻 $R=100\Omega$。

(1) 试创建 Simulink 仿真模型，仿真求出整流输出电压平均值 U_o 与电流平均值 I_o 以及负载电流有效值 I 并显示电源电压 u、输出电压 u_o 与电流 i_o 的波形；

(2) 当负载电阻两端并联滤波电容器（$C=200\mu\text{F}$）时，再显示电源电压 u、整流输出电压 u_o 与电流 i_o 以及流经二极管的电流的波形；

(3) 若电路改为单相桥式半控整流电路（其 $\alpha=30°$，负载不滤波，电路其他参数不变），再仿真求出其整流输出 U_o、I_o 以及 I 并显示 u、u_o、i_o 的波形。

(1) 新建仿真模型 LT17.slx，将仿真所需模块提取至该仿真模型。

(2) 根据图 4-62 进行仿真模型连线并双击不同模块进行参数设置，模型如图 4-63 所示。需要注意的是，交流电源 AC 设置幅值为 $100\sqrt{2}\text{V}$，频率为 50Hz，电阻为 100Ω，有效值测量模块 RMS 与线性平均值测量模块 Mean 设置基频为 50Hz。另外，二极管 Diode 参数设置与例 4-16 一致。设置停止时间为 0.04s，其他参数采用默认值。单击"仿真开始"按钮即可。

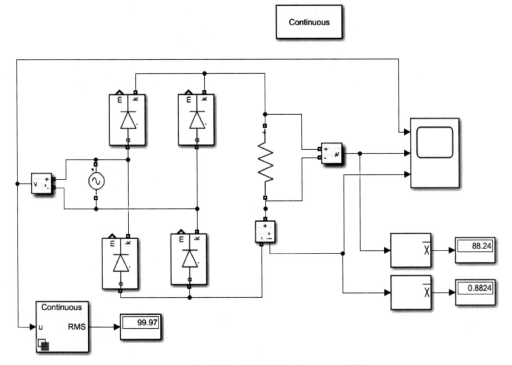

图 4-63 单相桥式不控整流电路 Simulink 模型

(3) 理论整流输出电压平均值 $U_o=0.9U=0.9\times100\text{V}=90\text{V}$，由仿真数据可知 $U_o=88.24\text{V}\approx90\text{V}$，输出电压稍有误差，这是由于平均值测量模块的线性化阶次与二极管压降引起的误差。$I_o = U_o/R = 88.24/100\text{A} = 0.8824\text{A}$,误差理由同上。仿真波形如图 4-64 所示,整流输出电压 u_o 与负载电流 i_o 的波形是一致的,但两条曲线纵坐标的比例尺不一样。

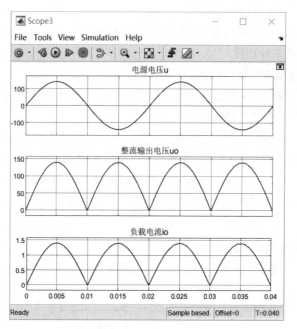

图 4-64 单相桥式不控整流电路仿真波形

(4) 将模型中的负载电阻两端并联一个电容模块,对该桥式整流电路进行滤波,电容 $C = 200\mu\text{F}$。替换过的模型如图 4-65 所示。设置停止时间为 0.08s,其他参数采用默认值。单击"仿真开始"按钮即可。

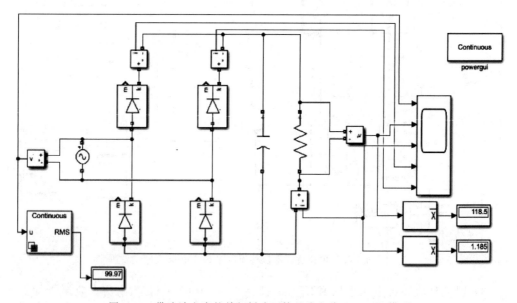

图 4-65 带滤波电容的单相桥式不控整流电路 Simulink 模型

(5) 仿真波形如图 4-66 所示。波形曲线自上而下、由左到右依次为交流电源电压 u、整流输出电压 u_o、负载电流 i_o、流经二极管 D1 与 D4 的电流、流经二极管 D2 与 D3 的电流。负载电流 i_o 与流经二极管的电流截然不同。在二极管导通时,一方面供电给负载,另一方面对滤波电容充电,其充电电压 u_C 与上升的正弦电压 u 基本一致(相差二极管压降)。达到正弦半波峰值后,u_C 与 u 都开始下降,u 按正弦规律下降,u_C 按滤波电容与负载电阻组成的放电回路时间常数 $\tau=RC$ 规律衰减。当 $u<u_C$ 时,二极管承受反向电压而截止,电容器 C 对负载电阻 R 放电,负载中仍有电流,故有负载电压 u_o 与电流 i_o。

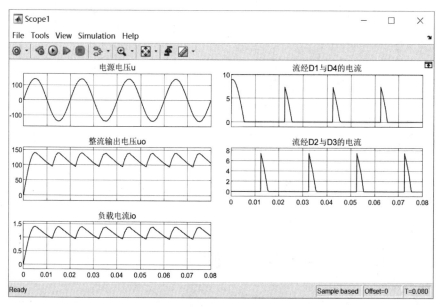

图 4-66 带滤波电容的单相桥式不控整流电路仿真波形

(6) 将模型中的二极管 D1 与 D2 替换为晶闸管和脉冲信号发生器,负载电阻两端滤波电容删除。替换过的模型如图 4-67 所示。设置停止时间为 0.08s,其他参数采用默认值。单击"仿真开始"按钮即可。

由图 4-67 可以看到,模型运行后通过 Display 模块显示输出电压平均值与电流平均值分别为 82.22V 和 0.8222A。由于触发角 $\alpha=30°$,可控整流输出电压按题意计算为 $U_o=0.9U(1+\cos\alpha)/2=0.9\times100\times(1+\cos30°)/2V=83.97V$,仿真值比理论计算值略小,这是由于平均值测量模块的线性化阶次与晶闸管压降引起的误差。

仿真波形如图 4-68 所示。波形曲线自上而下、由左到右依次为交流电源电压 u、整流输出电压 u_o、负载电流 i_o、晶闸管 Th_1 的脉冲控制信号、流经晶闸管 Th_1 的电流、晶闸管 Th_2 的脉冲控制信号以及流经晶闸管 Th_2 的电流。不难发现,因为 $\alpha=30°$,所以整流输出电压 u_o 与负载电流 i_o 是正弦半波形 $0°\sim30°$ 的部分被削去了,这就是晶闸管移相触发控制。另外,晶闸管 Th_1 的脉冲控制信号发出的时刻正好是晶闸管 Th_1 被触发导通的时刻,另一组晶闸管 Th_2 的脉冲控制信号与 Th_2 在电源负半周工作。在电源正半周晶闸管 Th_1 与二极管 D4 串联,仅 Th_1 可控,在电源负半周晶闸管 Th_2 与二极管 D3 串联,仅 Th_2 可控,此为单相桥式半控整流电路。

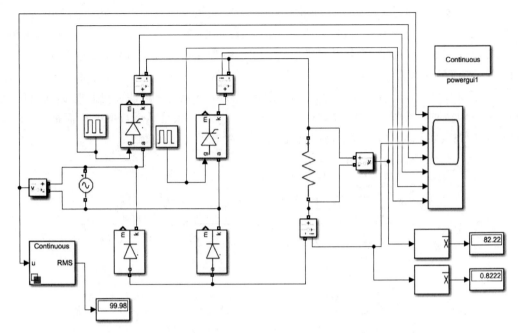

图 4-67 单相桥式半控整流电路 Simulink 模型

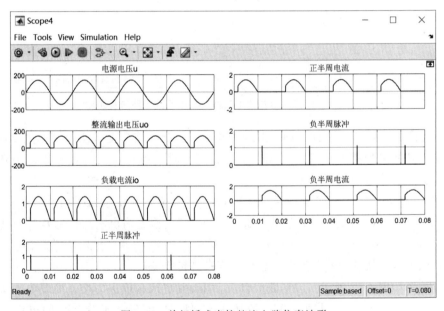

图 4-68 单相桥式半控整流电路仿真波形

本章实践任务

1. 已知一直流稳态电路如图 4-69 所示。利用 Simulink 搭建该电路进行仿真,并测出电压源输出电流大小。

2. 含电压源与电流源的电路图如图 4-70 所示,已知 $R_1=6\Omega$、$R_2=2\Omega$、$R_3=4\Omega$、$R_L=$

9Ω、$U_o=10V$、$I_s=2A$。(1)试计算流经 R_1 的电流 I_1;(2)试对电路创建仿真模型并仿真。

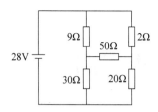

图 4-69 直流稳态电路

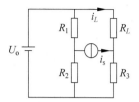

图 4-70 含电压源与电流源的电路

3. 线电压为 380V 的三相对称电源上有两组对称负载,一组是星形电阻负载,每相阻抗 $R_Y=10\Omega$,另一组是三角形电感性负载,每相阻抗 $Z_\triangle=36.3\angle 37°$,如图 4-71 所示。(1)试求各负载的相电流;(2)试求电路的线电流;(3)计算电路的三相有功功率;(4)创建对应图 4-71 的仿真模型并仿真。

4. 一个带开关的暂态电路如图 4-72 所示,其中开关 S1 在 2s 时闭合,开关 S2 在 4s 时闭合。(1)请通过 Simulink 搭建该电路的暂态仿真模型,并给出 i_1 和 i_2 的仿真波形;(2)修改电感大小,观察电流波形的变化,总结电感大小对电流影响的规律。

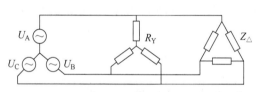

图 4-71 三相对称电源接两组对称负载的电路

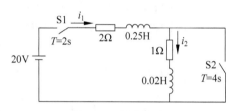

图 4-72 暂态电路

5. 一带受控源的稳态电路如图 4-73 所示,请通过 Simulink 搭建该电路的仿真模型,并测出电路中的电压 U 和电流 I_2 的大小。

6. 单相整流电路的负载功率一般都在几百瓦以下,常用在电子线路与电子仪器中。而在功率高达千瓦以上的场合,常采用三相桥式整流电路。如图 4-74 所示为三相桥式不控整流电路。电源三相对称电压 $u_a=100\sqrt{2}\sin(100\pi t)V$,$u_b=100\sqrt{2}\sin\left(100\pi t-\dfrac{2}{3}\pi\right)V$,$u_c=100\sqrt{2}\sin\left(100\pi t+\dfrac{2}{3}\pi\right)V$。纯电阻负载 $R=100\Omega$。(1)试计算输出负载电压的有效值;(2)试仿真显示电源电压 u_1 与负载电压 u_o 的波形。

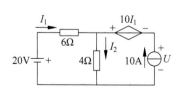

图 4-73 带受控源的稳态电路

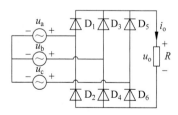

图 4-74 三相桥式不控整流电路

第5章

MATLAB 综合应用实例

【本章导学】

通过前面各章的学习,读者已基本掌握 MATLAB 的数值计算、基本程序设计功能,并了解了 MATLAB 在工程数学以及电力电子电路等方面的应用。结合本专业特点,本章将针对 MATLAB 在控制领域的应用进行几个综合实例分析,通过数学建模、问题计算、模型搭建及程序设计等流程,进一步加强读者对 MATLAB 的学习与应用。

【学习目标】

(1) 掌握采用基本模块创建控制系统的 Simulink 模型方法;
(2) 掌握 S 函数的基本设计流程及利用 S 函数设计复杂的控制系统 Simulink 模型;
(3) 掌握 MATLAB Fun 及 Fun 模块的使用方法;
(4) 掌握用户图形界面的设计方法。

5.1 单级倒立摆 PD 控制器 MATLAB 仿真

5.1.1 问题描述

被控对象取单级倒立摆系统,设状态量为 $\boldsymbol{x}=\begin{bmatrix}x_1 & x_2\end{bmatrix}^{\mathrm{T}}=\begin{bmatrix}\theta & \dot{\theta}\end{bmatrix}^{\mathrm{T}}$,则动态方程如下:

$$\begin{cases} \dot{x}_1 = x_2 \\ \dot{x}_2 = f(\boldsymbol{x}) + g(\boldsymbol{x})u \end{cases} \tag{5-1}$$

其中

$$f(\boldsymbol{x}) = \frac{g\sin x_1 - mlx_2^2\cos x_1\sin x_1/(m_c+m)}{l\left(\dfrac{4}{3} - \dfrac{m\cos^2 x_1}{m_c+m}\right)} \tag{5-2}$$

$$g(\boldsymbol{x}) = \frac{\cos x_1/(m_c+m)}{l\left(\dfrac{4}{3} - \dfrac{m\cos^2 x_1}{m_c+m}\right)} \tag{5-3}$$

式中,x_1 和 x_2 分别为摆角和摆速;$g=9.8\mathrm{m/s}^2$;m_c 为小车质量,$m_c=1\mathrm{kg}$;m 为摆杆质量,$m=0.1\mathrm{kg}$;l 为摆杆长的一半,$l=0.5\mathrm{m}$;u 为控制输入。

5.1.2 控制器设计

设期望位置为 θ_d,实际位置为 θ,取误差 $e=\theta_d-\theta$,取控制率为

$$u = \frac{1}{g(\boldsymbol{x})} [-f(\boldsymbol{x}) + \ddot{\theta}_d + k_p e + k_d \dot{e}] \tag{5-4}$$

将式(5-4)代入式(5-1),得到闭环控制系统的方程为

$$\ddot{e} + k_d \dot{e} + k_p e = 0 \tag{5-5}$$

通过选取 k_p 和 k_d,可得 $t \to \infty$ 时,$e(t) \to 0$,$\dot{e}(t) \to 0$,即系统的输出 θ 和 $\dot{\theta}$ 渐进地收敛于期望输出 θ_d 和 $\dot{\theta}_d$。

如果非线性函数 $f(\boldsymbol{x})$ 已知,则可以选择控制 u 来消除其非线性的性质,再根据线性控制理论设计控制器。

选择 k_p 和 k_d,使特征方程 $s^2 + k_d s + k_p = 0$ 的所有根位于复平面左半平面。对于任意负根 $-\lambda (\lambda > 0)$,有 $(s+\lambda)^2 = 0$,可得 $s^2 + 2\lambda s + \lambda^2 = 0$,则可设计 $k_d = 2\lambda$,$k_p = \lambda^2$。

5.1.3 MALTAB 仿真

设期望输入 $\theta_d(t) = 0.1\sin t$,倒立摆初始状态为 $[\pi/60, 0]$,采用式(5-4)的控制率,取 $\lambda = 5$,则有 $k_p = 25$,$k_d = 10$。

通过 MATLAB/Simulink 搭建仿真模型,具体步骤如下:

(1) 由式(5-4)构建 Controller 的 Simulink 模型,如图 5-1(a)所示,封装后的子模块如图 5-1(b)所示。其中,$x_d = 0.1\sin t$,则 $\ddot{x}_d = -0.1\sin t = -x_d$。

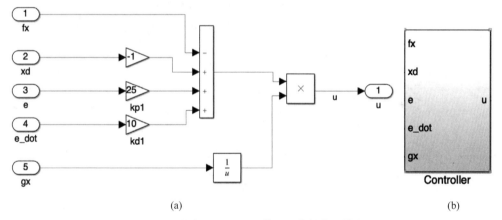

图 5-1 控制器 Simulink 模型及其封装子模块
(a) 控制器 Simulink 模型;(b) 封装子模块

(2) 由式(5-2)和式(5-3)分别搭建函数 $f(\boldsymbol{x})$ 和 $g(\boldsymbol{x})$ 的仿真模型并封装为相应子模块,分别如图 5-2、图 5-3 所示。

(3) 由式(5-1)搭建被控对象 Plant 的 Simulink 模型并封装为子模块,如图 5-4 所示。

(4) 单级倒立摆 PD 控制系统 Simulink 仿真模型如图 5-5 所示。

(5) 仿真结果如图 5-6、图 5-7、图 5-8 所示。

电气电子工程软件实践教程

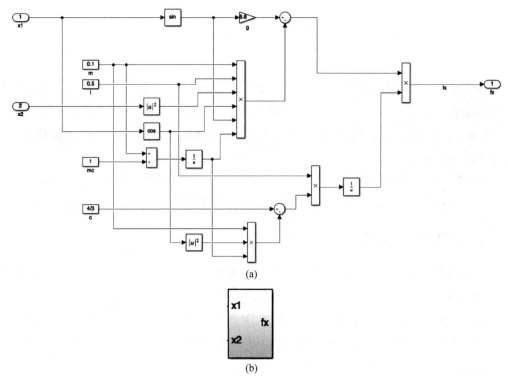

图 5-2 $f(x)$ 函数 Simulink 模型及其封装子模块
(a) $f(x)$ 函数 Simulink 模型；(b) 封装子模块

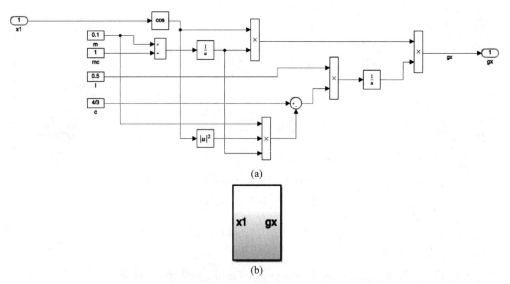

图 5-3 $g(x)$ 函数 Simulink 模型及其封装子模块
(a) $g(x)$ 函数 Simulink 模型；(b) 封装子模块

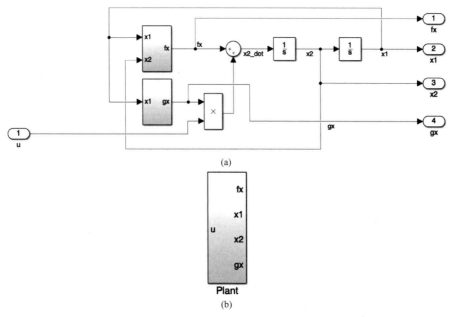

(a)

(b)

图 5-4 被控对象的 Simulink 模型及其封装子模块

(a) 被控对象的 Simulink 模型; (b) 封装子模块

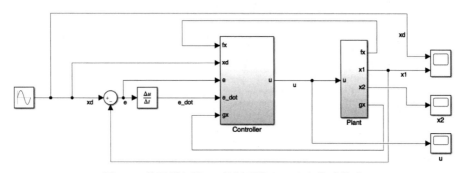

图 5-5 单级倒立摆 PD 控制系统 Simulink 仿真模型

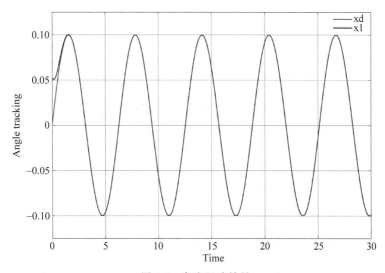

图 5-6 角度跟踪效果

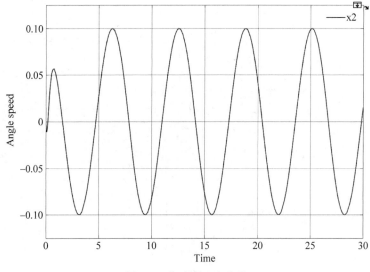

图 5-7 角速度响应曲线

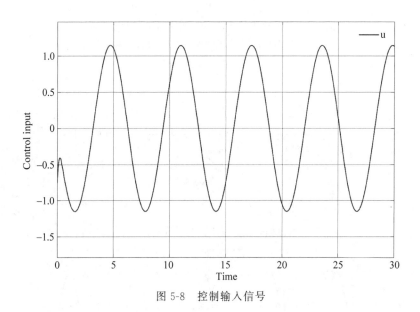

图 5-8 控制输入信号

5.2 倒立摆 LQR 控制器 MATLAB 仿真

5.2.1 S 函数介绍

S 函数中使用文本方式输入公式和方程,适合复杂动态系统的数学描述,并且在仿真过程中可以对仿真参数进行更精确的描述。

一般而言,S 函数的使用步骤如下:

(1) 创建 S 函数源文件。创建 S 函数源文件的方法有多种,Simulink 提供了很多 S 函数的模板和例子,用户可以根据自己的需要修改相应的模板。

(2) 在动态系统的 Simulink 模型框图中添加 S-function 模块,并进行正确的设置。

(3) 在 Simulink 模型框图中按照定义好的功能连接输入/输出端口。

S 函数的基本功能及重要参数设定包括如下几个方面:

(1) S 函数功能模块。各种功能模块完成不同的任务,这些功能模块(函数)称为仿真例程或回调函数(call-back function),包括初始化(initialization)、导数(mdlDerivative)、输出(mdlOutput)等。

(2) NumContStates 表示 S 函数描述的模块中连续状态的个数。

(3) NumDiscStates 表示离散状态的个数。

(4) NumOutputs 和 NumInputs 分别表示模块输入和输出的个数。

(5) 直接馈通(dirFeedthrough)为输入信号是否在输出端出现的标识,取值为 0 或 1。

(6) NumSampleTimes 为模块采样周期的个数,S 函数支持多采样周期的系统。

除了 sys 外,还应设置系统的初始状态变量 x_0、说明变量 str 和采样周期变量 t_s。t_s 变量为双列矩阵,其中每一行对应一个采样周期。对连续系统和单个采样周期的系统来说,该变量为 $[t_1, t_2]$,t_1 为采样周期,$t_1 = -1$ 表示继承输入信号的采样周期;t_2 为偏移量,一般取 0。对连续系统来说,t_s 取 $[-1, 0]$。

5.2.2 问题描述

被控对象仍以单级倒立摆为例,其系统模型如下:

$$\ddot{\theta} = \frac{m(M+m)gl}{(M+m)I + Mml^2}\theta - \frac{ml}{(M+m)I + Mml^2}u \tag{5-6}$$

$$\ddot{x} = -\frac{m^2gl^2}{(M+m)I + Mml^2}\theta + \frac{I + ml^2}{(M+m)I + Mml^2}u \tag{5-7}$$

式中,$I = \frac{1}{12}mL^2$;$l = \frac{1}{2}L$。

取 4 个控制指标,即单级倒立摆的摆角 θ、摆速 $\dot{\theta}$、小车位置 x 和小车速度 $\dot{x}$。将倒立摆运动方程转化为状态方程的形式。令 $x(1) = \theta, x(2) = \dot{\theta}, x(3) = x, x(4) = \dot{x}$,则式(5-6)和式(5-7)可表示为如下状态方程:

$$\dot{x} = Ax + Bu \tag{5-8}$$

式中,$A = \begin{bmatrix} 0 & 1 & 0 & 0 \\ t_1 & 0 & 0 & 0 \\ 0 & 0 & 0 & 1 \\ t_2 & 0 & 0 & 0 \end{bmatrix}$;$B = \begin{bmatrix} 0 \\ t_3 \\ 0 \\ t_4 \end{bmatrix}$;$t_1 = \frac{m(M+m)gl}{(M+m)I + Mml^2}$;$t_2 = -\frac{m^2gl^2}{(M+m)I + Mml^2}$;

$t_3 = -\frac{ml}{(M+m)I + Mml^2}$;$t_4 = \frac{I + ml^2}{(M+m)I + Mml^2}$。

控制的目标是通过给小车底座施加一个力 u(控制量),使小车停留在零位置,并使摆杆不倒下,即 $\theta \to 0, \dot{\theta} \to 0, x \to 0, \dot{x} \to 0$。

5.2.3 控制器设计

LQR(linear quadratic regulator)即线性二次型调节器,其对象是现代控制理论中以状态空间形式给出的线性系统,而目标函数为对象状态和控制输入的二次型函数。

针对状态方程式(5-8),通过确定最佳控制量 $u=-Kx$ 的矩阵 K,使控制性能指标 J 达到极小。

$$J = \int_0^\infty (x^T Q x + u^T R u) dt \tag{5-9}$$

式中,Q 为正定(或半正定)Hermite 或实对称矩阵;R 为正定 Hermite 或实对称矩阵;Q 和 R 分别为各个状态跟踪误差和能量损耗的相对重要性;Q 中对角矩阵中的各个元素代表各项指标误差的相对重要性,元素值越大,对应的指标误差项越重要。

基于 LQR 的增益及控制率为

$$u = -Kx \tag{5-10}$$

$$K = \text{LQR}(A, B, Q, R) \tag{5-11}$$

式中,LQR 为 MATLAB 提供的线性二次型调节器函数。

5.2.4 MATLAB 仿真

设置仿真参数如下:$g=9.8\text{m/s}^2, M=1.0\text{kg}, m=0.1\text{kg}, L=0.5\text{m}$。初始条件取 $\theta(0)=-10°, \dot{\theta}(0)=0, x(0)=0.2, \dot{x}(0)=0$,期望状态为 $\theta=0°, \dot{\theta}=0, x=0.2, \dot{x}=0$,其中摆动角度值应转换为弧度值。LQR 控制器参数取值为

$$Q = \begin{bmatrix} 100 & 0 & 0 & 0 \\ 0 & 10 & 0 & 0 \\ 0 & 0 & 1 & 0 \\ 0 & 0 & 0 & 1 \end{bmatrix}, \quad R = 0.1$$

通过 MATLAB/Simulink 搭建仿真模型,具体步骤如下:

(1) 编写控制器 S 函数。新建脚本文件 untitled.m,然后在 MATLAB 命令窗口输入 edit sfuntmpl 后按回车键,打开 S 函数模板,按 Ctrl+A 键全选模板内容,复制后粘贴到新建的脚本文件中,并修改函数名与文件名一致,如:ctrl_lqr。(注意不可直接修改模板内容。)

```
function [sys,x0,str,ts,simStateCompliance] = ctrl_lqr(t,x,u,flag)
```

通常仅需修改控制器 S 函数中的 2 个子函数 mdlInitializeSizes 和 mdlOutputs。

```
function [sys,x0,str,ts,simStateCompliance] = mdlInitializeSizes
sizes = simsizes;
sizes.NumContStates  = 0;
sizes.NumDiscStates  = 0;
sizes.NumOutputs     = 1;
sizes.NumInputs      = 4;
sizes.DirFeedthrough = 1;
sizes.NumSampleTimes = 0;    % at least one sample time is needed
sys = simsizes(sizes);
```

```
x0 = [];                    % initialize the initial conditions
str = [];
ts = [];

function sys = mdlOutputs(t,x,u)
% Single Link Inverted Pendulum Parameters
g = 9.8;
M = 1.0;
m = 0.1;
L = 0.5;
I = 1/12 * m * L^2;
l = 1/2 * L;
t1 = m * (M + m) * g * l/[(M + m) * I + M * m * l^2];
t2 = - m^2 * g * l^2/[(m + M) * I + M * m * l^2];
t3 = - m * l/[(M + m) * I + M * m * l^2];
t4 = (I + m * l^2)/[(m + M) * I + M * m * l^2];
A = [0,1,0,0;
t1,0,0,0;
0,0,0,1;
t2,0,0,0];
B = [0;t3;0;t4];
% LQR
Q = [100,0,0,0;              % 100,10,1,1 express importance of theta,dtheta,x,dx
0,10,0,0;
0,0,1,0;
0,0,0,1];
R = [0.1];
K = lqr(A,B,Q,R);           % LQR Gain
X = [u(1) u(2) u(3) u(4)]';
ut = - K * X;
sys(1) = ut;
```

（2）编写被控对象 S 函数。新建脚本文件 untitled1.m，复制 S 函数模板内容到新建脚本文件中，并修改函数名与文件名一致，如：plant_dlb。

```
function [sys,x0,str,ts,simStateCompliance] = plant_dlb(t,x,u,flag)
```

通常仅需修改被控对象 S 函数中的 3 个子函数 mdlInitializeSizes、mdlDerivatives 和 mdlOutputs。

```
function [sys,x0,str,ts,simStateCompliance] = mdlInitializeSizes
sizes = simsizes;
sizes.NumContStates  = 4;
sizes.NumDiscStates  = 0;
sizes.NumOutputs     = 4;
sizes.NumInputs      = 1;
sizes.DirFeedthrough = 0;
sizes.NumSampleTimes = 1;   % at least one sample time is needed
sys = simsizes(sizes);
x0 = [-10/57.3,0,0.20,0];   % Initial state
```

```
str = [];
ts = [0 0];

function sys = mdlDerivatives(t,x,u)
% Single Link Inverted Pendulum Parameters
g = 9.8;
M = 1.0;
m = 0.1;
L = 0.5;
I = 1/12 * m * L^2;
l = 1/2 * L;
t1 = m * (M + m) * g * l/[(M + m) * I + M * m * l^2];
t2 = - m^2 * g * l^2/[(m + M) * I + M * m * l^2];
t3 = - m * l/[(M + m) * I + M * m * l^2];
t4 = (I + m * l^2)/[(m + M) * I + M * m * l^2];
A = [0,1,0,0;
 t1,0,0,0;
     0,0,0,1;
 t2,0,0,0];
B = [0;t3;0;t4];
% State equation for one link inverted pendulum
Dx = A * x + B * u;
sys(1) = Dx(1);
sys(2) = Dx(2);
sys(3) = Dx(3);
sys(4) = Dx(4);

function sys = mdlOutputs(t,x,u)
sys(1) = x(1);
sys(2) = x(2);
sys(3) = x(3);
sys(4) = x(4);
```

(3) 在 Simulink 下搭建控制系统仿真模型,如图 5-9 所示,其中控制器和被控对象分别采用 S 函数模块。

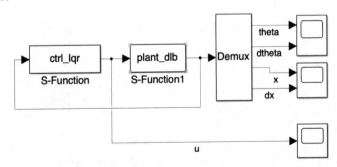

图 5-9 倒立摆 LQR 控制系统 Simulink 仿真模型

(4)仿真结果如图 5-10、图 5-11、图 5-12 所示。

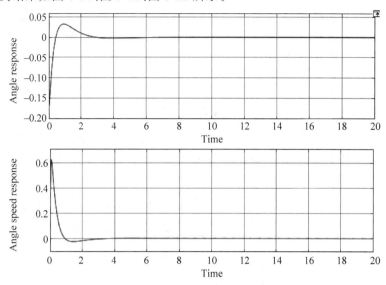

图 5-10　单摆角度和角速度响应

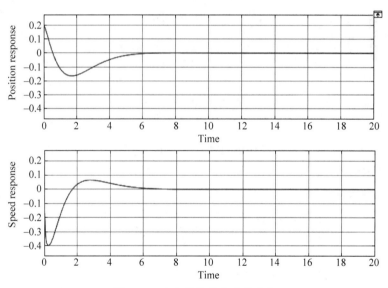

图 5-11　小车的位置和速度响应

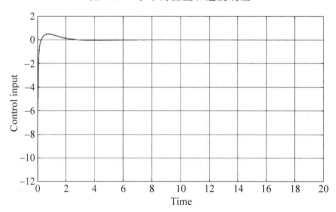

图 5-12　LQR 控制输入

5.3 移动机器人的P+前馈控制MATLAB仿真

5.3.1 MATLAB Function与Function模块介绍

Simulink与MATLAB之间的数据交互,除了可以采用S函数以外,还可以使用User-Defined Functions模块库中的Fcn模块或者MATLAB Fcn模块进行彼此间的数据交互。

Fcn模块一般用来实现简单的函数关系,在Fcn模块中:①输入总是表示成u,u可以是一个向量(需要加多路复用模块);②输出永远是一个标量,在对话框内直接编写函数。如图5-13所示。

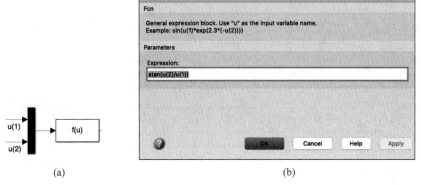

图5-13　Fcn模块应用
(a) Fcn模块；(b) 函数编写

MATLAB Fcn模块比Fcn模块的自由度要大得多。双击MATLAB Fcn模块,将弹出一个函数文件编辑窗口。MATLAB Fcn模块可以随意改变函数名称、输入与输出个数,相应地,模块图标也会发生改变。如图5-14所示。

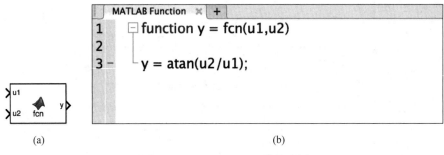

图5-14　MATLAB Fcn模块应用
(a) MATLAB Fcn模块；(b) 函数编写

5.3.2 问题描述

移动机器人有多种类型,在很多领域都具有很强的实用价值,最常见的是在地面上依靠轮子移动的机器人,也称作"无人驾驶车"或"移动小车"。

以轮式移动机器人为被控对象，该机器人的运动学模型为

$$\begin{cases} \dot{x} = v\cos\theta \\ \dot{y} = v\sin\theta \\ \dot{\theta} = \omega \end{cases} \quad (5\text{-}12)$$

式中，$[x \quad y \quad \theta]^\mathrm{T}$ 为系统输出，$[x \quad y]$ 为移动机器人的位置，θ 为移动机器人前进方向与 x 轴的夹角；$[v \quad \omega]^\mathrm{T}$ 为控制输入信号，v 和 ω 分别为移动机器人的线速度和角速度。

5.3.3 控制器设计

采用双闭环控制方法，针对位置 $[x \quad y]$ 的跟踪作为外环，外环产生期望角度 θ_d，然后通过内环实现 θ 快速跟踪 θ_d。

首先，设计位置控制率 v，实现 x 跟踪 x_d，y 跟踪 y_d。取期望轨迹为 $[x_\mathrm{d} \quad y_\mathrm{d}]$，则跟踪误差方程为

$$\begin{cases} \dot{x}_\mathrm{e} = v\cos\theta - \dot{x}_\mathrm{d} \\ \dot{y}_\mathrm{e} = v\sin\theta - \dot{y}_\mathrm{d} \end{cases} \quad (5\text{-}13)$$

式中，$x_\mathrm{e} = x - x_\mathrm{d}$，$y_\mathrm{e} = y - y_\mathrm{d}$。

取

$$\begin{cases} v\cos\theta = u_1 \\ v\sin\theta = u_2 \end{cases} \quad (5\text{-}14)$$

针对 $\dot{x}_\mathrm{e} = u_1 - \dot{x}_\mathrm{d}$ 取 P+前馈控制设计控制器，即

$$u_1 = -k_{\mathrm{p}1} x_\mathrm{e} + \dot{x}_\mathrm{d} \quad (5\text{-}15)$$

则 $\dot{x}_\mathrm{e} = -k_{\mathrm{p}1} x_\mathrm{e}$，取 $k_{\mathrm{p}1} > 0$，则 $t \to \infty$ 时，$x_\mathrm{e} \to 0$。

同理，针对 $\dot{y}_\mathrm{e} = u_2 - \dot{y}_\mathrm{d}$ 取 P+前馈控制设计控制器，即

$$u_2 = -k_{\mathrm{p}2} y_\mathrm{e} + \dot{y}_\mathrm{d} \quad (5\text{-}16)$$

则 $\dot{y}_\mathrm{e} = -k_{\mathrm{p}2} y_\mathrm{e}$，取 $k_{\mathrm{p}2} > 0$，则 $t \to \infty$ 时，$y_\mathrm{e} \to 0$。

取期望控制角度 $\theta_\mathrm{d} \in (-\pi/2, \pi/2)$ 为

$$\theta_\mathrm{d} = \arctan\frac{u_2}{u_1} \quad (5\text{-}17)$$

则实际的位置控制率为

$$v = \frac{u_1}{\cos\theta_\mathrm{d}} \quad (5\text{-}18)$$

其次，设计姿态控制率 ω，实现角度 θ 跟踪 θ_d。

取 $\theta_\mathrm{e} = \theta - \theta_\mathrm{d}$，则 $\dot{\theta}_\mathrm{e} = \omega - \dot{\theta}_\mathrm{d}$。

针对 $\dot{\theta}_\mathrm{e} = \omega - \dot{\theta}_\mathrm{d}$，取 P+前馈控制设计控制器，即

$$\omega = -k_{\mathrm{p}3} \dot{\theta}_\mathrm{e} + \dot{\theta}_\mathrm{d} \quad (5\text{-}19)$$

则 $\dot{\theta}_\mathrm{e} = -k_{\mathrm{p}3} \theta_\mathrm{e}$，取 $k_{\mathrm{p}3} > 0$，则 $t \to \infty$ 时，$\theta_\mathrm{e} \to 0$。

5.3.4 MATLAB 仿真

设期望位置信号为 $x_d = t$，$y_d = \sin(0.5x) + 0.5x + 1$，位置初始值为 [0　0　0]，控制率参数为 $k_{p1} = 10, k_{p2} = 10, k_{p3} = 100$。

通过 MATLAB/Simulink 搭建仿真模型，具体步骤如下：

(1) 采用 Fcn 模块搭建由式(5-19)描述的姿态控制器，并封装为子模块 Atti_ctrl，如图 5-15 所示。

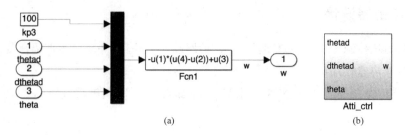

图 5-15　姿态控制器设计
(a) 姿态控制器模型；(b) Atti_ctrl 封装子模块

(2) 采用 Fcn 模块搭建由式(5-15)～式(5-18)描述的位置控制器，并封装为子模块 Posi_ctrl，如图 5-16 所示。

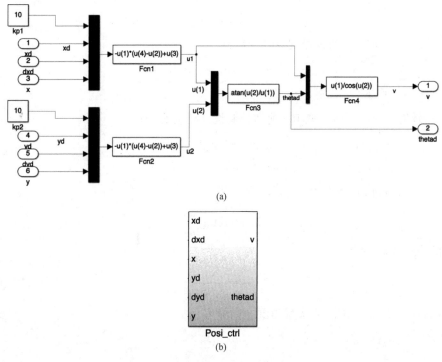

图 5-16　位置控制器设计
(a) 位置控制器模型；(b) Posi_ctrl 封装子模块

(3) 由式(5-12)搭建被控对象，并封装成子模块 Plant_robot，如图 5-17 所示。

第 5 章 MATLAB 综合应用实例

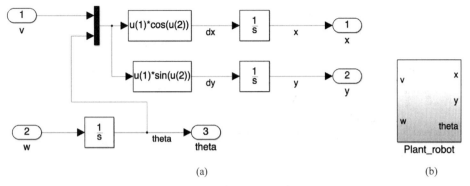

图 5-17 被控对象设计
(a) 被控对象模型；(b) Plant_robot 封装子模块

(4) 由给定初始条件搭建输入模块，并封装为子模块 input，如图 5-18 所示。

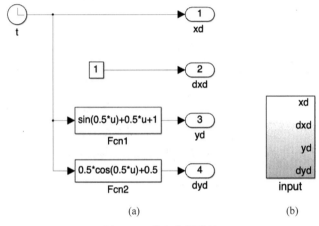

图 5-18 输入信号设计
(a) 输入信号；(b) input 封装子模块

(5) 搭建移动机器人控制系统 Simulink 模型，如图 5-19 所示。

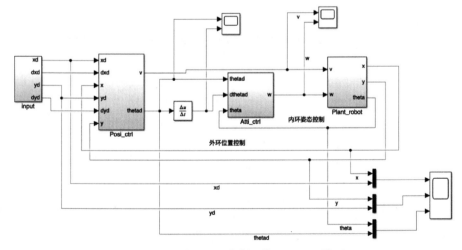

图 5-19 移动机器人控制系统 Simulink 模型

(6) 仿真结果如图 5-20～图 5-22 所示。

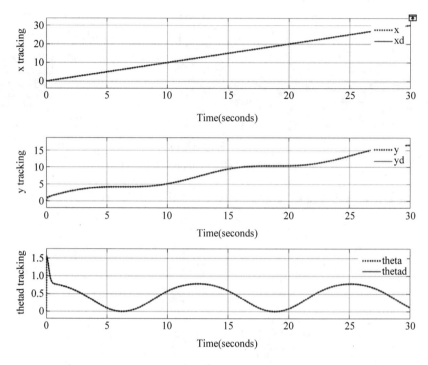

图 5-20 位置和角度跟踪

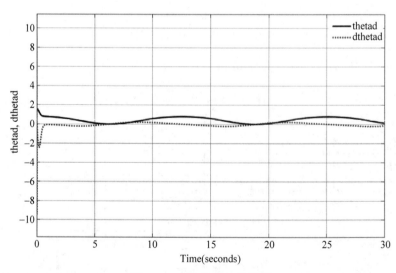

图 5-21 期望角度及其微分

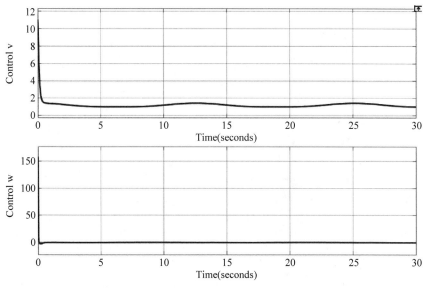

图 5-22 控制输入信号 v 和 w

5.4 单级倒立摆控制系统的 GUI 设计

5.4.1 GUI 介绍

图形用户界面（graphical user interface,GUI,又称图形用户接口）是指采用图形方式显示的计算机操作用户界面。GUI 是一种结合计算机科学、美学、行为学以及各商业领域需求分析的人机系统工程，强调人-机-环境三者作为一个系统进行总体设计。MATLAB 提供了很好的 GUI 开发环境。

在 MATLAB 命令窗口输入 guide 命令，打开如图 5-23 所示的用户界面窗口，选择 Blank GUI 模板，单击"确定"即可打开如图 5-24 所示的设计窗口，其中右侧区域就是要设计的窗口的原型。

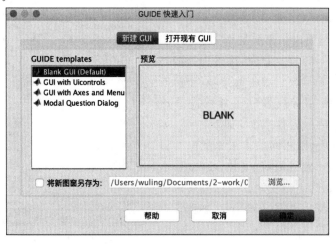

图 5-23 GUIDE 程序主界面

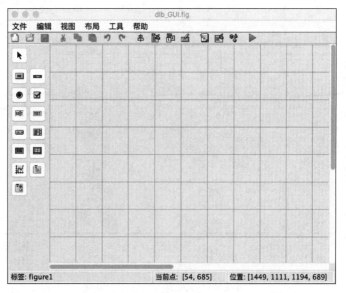

图 5-24　GUI 编辑界面

5.4.2　演示界面的 GUI 设计

以 5.2 节中设计的单级倒立摆 LQR 控制系统为研究对象，设计相应的 GUI 演示界面以实现直观的人机交互。

"单级倒立摆 LQR 控制虚拟实验平台"GUI 演示界面设计步骤如下：

（1）在 MATLAB 命令窗口输入 guide 便可进入 GUI 界面进行设计，修改界面文件名称为 dlb_GUI.fig，创建并保存该文件时，系统会自动生成主程序框架 dlb_GUI.m 文件，并保存在同一目录下。

（2）利用 GUI 开发环境提供的触控按钮、静态文本、可编辑文本、坐标轴等可视化组件，设计"单级倒立摆 LQR 控制虚拟实验平台"GUI 演示界面。下面以小车质量 M 的 GUI 界面为例，说明其设计过程。首先，单击选择静态文本组件，在右侧设计窗口单击放置，双击打开属性检查器，修改相应属性。通常仅需修改 String 属性为需显示组件名称，如"M="，如图 5-25 所示；然后，以相同的方法添加一个可编辑文本，此时暂未输入数值，设置 String 属性为空即可，并修改 Tag 属性为 mc，标签属性是后续设计对应的回调函数的关键信息，如图 5-26 所示；最后，再添加一个静态文本，修改 String 属性为 kg，设计界面如图 5-27 所示。

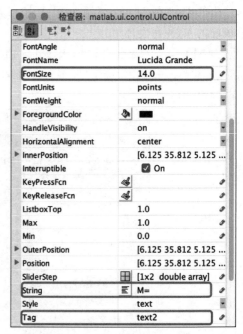

图 5-25　修改静态文本属性

第5章 MATLAB综合应用实例

图 5-26 修改可编辑文本属性

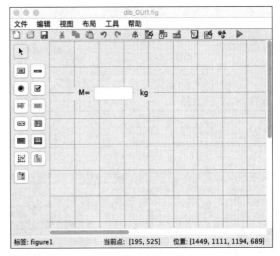

图 5-27 小车质量输入参数设计界面

（3）按照与步骤（2）相同的方法，依次添加面板、静态文本、可编辑文本、坐标区、按钮等组件，并修改相应属性，设计出"单级倒立摆 LQR 控制虚拟实验平台"GUI 演示界面，如图 5-28 所示。各个模块属性如表 5-1 所示。

表 5-1 "单级倒立摆 LQR 控制虚拟实验平台"控件属性列表

模块名称	组件类型	String 属性	Tag 属性	模块名称	组件类型	String 属性	Tag 属性
实验模型	面板	实验模型	expanel	初始值	面板	初始值	inpanal
模型参数	面板	参数模型	chepanel	仿真	面板	仿真	simupanel
sys2	坐标区	默认	sys2	g=9.8m/s^2	静态文本	g=9.8m/s^2	默认
小车质量参数	静态文本	M=	默认	摆杆质量参数	静态文本	m=	默认
	可编辑文本	空	mc		可编辑文本	空	mq
	静态文本	kg	默认		静态文本	kg	默认
摆杆长度参数	静态文本	L=	默认	水平位置参数	静态文本	水平位置	默认
	可编辑文本	空	l		可编辑文本	空	in_po
	静态文本	m	默认		静态文本	m	默认
摆杆角度参数	静态文本	摆杆角度	默认	仿真时间设置	静态文本	仿真时间	默认
	可编辑文本	空	in_ag		可编辑文本	空	Tedit
	静态文本	rad	默认		静态文本	s	默认
步长设置	静态文本	步长值	默认	启动仿真	按钮	启动仿真	simulate
	可编辑文本	空	Step	LQR 最优控制	面板	LQR 最优控制	lqrpanel
	静态文本	s	默认	2	静态文本	2	默认
摆角	静态文本	摆角	默认	ag	坐标区	默认	ag
摆角速度	静态文本	摆角速度	默认	av	坐标区	默认	av

续表

模块名称	组件类型	String 属性	Tag 属性	模块名称	组件类型	String 属性	Tag 属性
小车位移	静态文本	小车位移	默认	dp	坐标区	默认	dp
小车速度	静态文本	小车速度	默认	dv	坐标区	默认	dv
Q 参数设置	静态文本	Q=	默认	R 参数设置	静态文本	R=	默认
	面板	空	默认		可编辑文本	空	默认
	可编辑文本	空	q1,q2,q3,q4	计算 K 值	按钮	计算 K 值	lqrok
	静态文本	0	默认	K 参数设置	静态文本	K=	默认
重置	按钮	重置	reset		静态文本	[ ]	默认
退出	按钮	退出	exit		可编辑文本	空	k1,k2,k3,k4

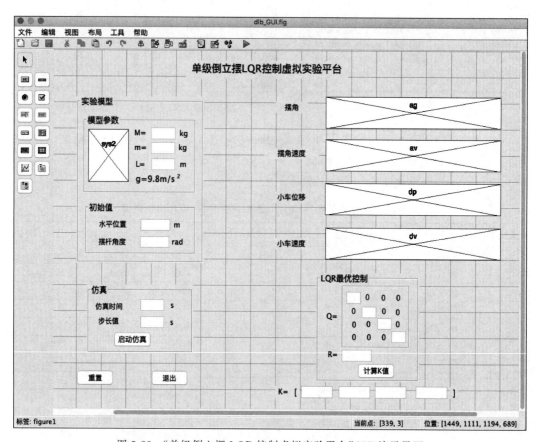

图 5-28 "单级倒立摆 LQR 控制虚拟实验平台"GUI 演示界面

（4）编写各个控件 Callback 函数。Callback 属性（回调属性）是 GUI 界面设计中最重要的属性，它是连接程序界面整个程序系统的实质性功能纽带。如图 5-29 所示为创建 GUI 界面时自动生成的主程序初始化代码，通常无须编辑修改。

本设计中各控件的回调函数如下：

```
function varargout = dlb_GUI(varargin)  % GUI 主程序
gui_Singleton = 1;
gui_State = struct('gui_Name',       mfilename, ...
                   'gui_Singleton',  gui_Singleton, ...
                   'gui_OpeningFcn', @dlb_GUI_OpeningFcn, ...
                   'gui_OutputFcn',  @dlb_GUI_OutputFcn, ...
                   'gui_LayoutFcn',  [] , ...
                   'gui_Callback',   []);
if nargin && ischar(varargin{1})
    gui_State.gui_Callback = str2func(varargin{1});
end

if nargout
    [varargout{1:nargout}] = gui_mainfcn(gui_State, varargin{:});
else
    gui_mainfcn(gui_State, varargin{:});
end
% 初始化代码 - 默认不可修改
```

图 5-29 GUI 主程序初始化代码

```
% --------------------------- 打开界面 ----------------------- %
functiond lb_GUI_OpeningFcn(hObject, eventdata, handles, varargin)
handles.output = hObject;
guidata(hObject, handles);
axes(handles.sys2);
sys2data = imread('model.jpg');                              % 打开倒立摆模型示意图
image(sys2data);
set(gca,'Xtick',[],'Ytick',[],'box','on');
function varargout = dlb_GUI_OutputFcn(hObject, eventdata, handles) % 输出函数
varargout{1} = handles.output;
function normal(hObject, eventdata, handles)                 % 公共调用函数
ifispc
set(hObject,'BackgroundColor','white');
else
set(hObject,'BackgroundColor',get(0,'defaultUicontrolBackgroundColor'));
end
% ------------------------ 倒立摆模型参数创建 ---------------------- %
function mc_CreateFcn(hObject, eventdata, handles)           % M,小车质量
normal(hObject, eventdata, handles);
function mc_Callback(hObject, eventdata, handles)
function l_CreateFcn(hObject, eventdata, handles)            % L,摆杆长度
normal(hObject, eventdata, handles);
function l_Callback(hObject, eventdata, handles)
function mq_CreateFcn(hObject, eventdata, handles)           % m,摆杆质量
normal(hObject, eventdata, handles);
function mq_Callback(hObject, eventdata, handles)
% -------------------------- LQR 参数创建 ----------------------- %
function q1_CreateFcn(hObject, eventdata, handles)           % q1
normal(hObject, eventdata, handles);
function q1_Callback(hObject, eventdata, handles)
function q2_CreateFcn(hObject, eventdata, handles)           % q2
normal(hObject, eventdata, handles);
function q2_Callback(hObject, eventdata, handles)
function q3_CreateFcn(hObject, eventdata, handles)           % q3
normal(hObject, eventdata, handles);
function q3_Callback(hObject, eventdata, handles)
```

```matlab
function q4_CreateFcn(hObject, eventdata, handles)              % q4
normal(hObject, eventdata, handles);
function q4_Callback(hObject, eventdata, handles)
function r_CreateFcn(hObject, eventdata, handles)               % R
normal(hObject, eventdata, handles);
function r_Callback(hObject, eventdata, handles)
% ------------------ 采用 LQR,计算增益 K ------------------ %
function lqrok_Callback(hObject, eventdata, handles)
global A B C D K;
M_str = get(handles.mc,'string');
M = str2double(M_str);                                          % 获取小车质量 M
m_str = get(handles.mq,'string');
m = str2double(m_str);                                          % 获取摆杆质量 m
L_str = get(handles.l,'string');
L = str2double(L_str);                                          % 获取摆杆长度 L
q1_str = get(handles.q1,'string');
q1 = str2double(q1_str);
q2_str = get(handles.q2,'string');
q2 = str2double(q2_str);
q3_str = get(handles.q3,'string');
q3 = str2double(q3_str);
q4_str = get(handles.q4,'string');
q4 = str2double(q4_str);
R_str = get(handles.r,'string');
R = str2double(R_str);
Q = [q1,0,0,0;0,q2,0,0;0,0,q3,0;0,0,0,q4];                      % 倒立摆模型
g = 9.8;
I = 1/12 * m * L^2;
l = 1/2 * L;
t1 = m * (M + m) * g * l/[(M + m) * I + M * m * l^2];
t2 = - m^2 * g * l^2/[(m + M) * I + M * m * l^2];
t3 = - m * l/[(M + m) * I + M * m * l^2];
t4 = (I + m * l^2)/[(m + M) * I + M * m * l^2];
A = [0,1,0,0;t1,0,0,0;0,0,0,1;t2,0,0,0];
B = [0;t3;0;t4];
C = [0,0,1,0];
D = [0];
[K,sz,ez] = lqr(A,B,Q,R);                                       % 利用 LQR 方法计算 K 值
set(handles.k1,'string',K(1));
set(handles.k2,'string',K(2));
set(handles.k3,'string',K(3));
set(handles.k4,'string',K(4));
% --------------------- K 的创建 --------------------- %
function k1_CreateFcn(hObject, eventdata, handles)              % K1
normal(hObject, eventdata, handles);
function k1_Callback(hObject, eventdata, handles)
function k2_CreateFcn(hObject, eventdata, handles)              % K2
normal(hObject, eventdata, handles);
function k2_Callback(hObject, eventdata, handles)
function k3_CreateFcn(hObject, eventdata, handles)              % K3
```

```matlab
normal(hObject, eventdata, handles);
function k3_Callback(hObject, eventdata, handles)
function k4_CreateFcn(hObject, eventdata, handles)           % K4
normal(hObject, eventdata, handles);
function k4_Callback(hObject, eventdata, handles)
% ------------------------ 摆杆角度和小车位置初始值设定 ------------------ %
function in_po_CreateFcn(hObject, eventdata, handles)        % 小车水平位置创建
normal(hObject, eventdata, handles);
function in_po_Callback(hObject, eventdata, handles)         % 小车水平位置回调
Current_Val = str2num(get(hObject,'string'));
function in_ag_CreateFcn(hObject, eventdata, handles)        % 摆杆角度创建
normal(hObject, eventdata, handles);
function in_ag_Callback(hObject, eventdata, handles)         % 摆杆角度回调
Current_Val = str2num(get(hObject,'string'));
% ------------------------- 仿真时间和步长设定 ----------------------- %
function Tedit_CreateFcn(hObject, eventdata, handles)        % 仿真时间创建
normal(hObject, eventdata, handles);
function Tedit_Callback(hObject, eventdata, handles)         % 仿真时间回调
function Step_CreateFcn(hObject, eventdata, handles)         % 步长值创建
normal(hObject, eventdata, handles);
function Step_Callback(hObject, eventdata, handles)          % 步长值回调
% --------------------------- 启动仿真 -------------------------- %
function simulate_Callback(hObject, eventdata, handles)
global A B C D K draw1 draw2 draw3 draw4 h1 h2 h3 odraw t;
Tmax_str = get(handles.Tedit,'string');
Tmax = str2double(Tmax_str);
Stepz_str = get(handles.Step,'string');
Stepz = str2double(Stepz_str);
t = 0:Stepz:Tmax;
U = zeros(size(t));                                          % Outer Input Disturbance
At = A - B*K;  % For closed system dx = (A - BK)x + BU, U 相当于干扰
Bt = B;
Ct = [1 0 0 0;0 1 0 0;0 0 1 0;0 0 0 1];
Dt = D;
inpo_str = get(handles.in_po,'string');
inpo = str2double(inpo_str);
inag_str = get(handles.in_ag,'string');
inag = str2double(inag_str);
x0 = [inag;0;inpo;0];
odraw = lsim(At,Bt,Ct,Dt,U,t,x0);                            % Simulation of Control
x1 = odraw(:,1);                                             % Pendulum angle
x2 = odraw(:,2);                                             % Pendulum angle speed
x3 = odraw(:,3);                                             % Cart position
x4 = odraw(:,4);                                             % Cart speeds
% -------------- 重置按钮:实现倒立摆模型参数和LQR参数的重置 ------------- %
function reset_Callback(hObject, eventdata, handles)
global draw1 draw2 draw3 draw4;
set(handles.k1,'string','');
set(handles.k2,'string','');
set(handles.k3,'string','');
set(handles.k4,'string','');
```

```
set(handles.mc,'string','');
set(handles.mq,'string','');
set(handles.l,'string','');
set(handles.q1,'string','');
set(handles.q2,'string','');
set(handles.q3,'string','');
set(handles.q4,'string','');
set(handles.r,'string','');
delete(draw1);delete(draw2);delete(draw3);delete(draw4);
function exit_Callback(hObject, eventdata, handles)            % 退出按钮
close(gcf);
function figure1_CreateFcn(hObject, eventdata, handles)        % 创建图形
function sys2_CreateFcn(hObject, eventdata, handles);
```

(5) 运行 dlb_GUI.m 文件,得到"单级倒立摆 LQR 控制虚拟实验平台"演示界面如图 5-30 所示。

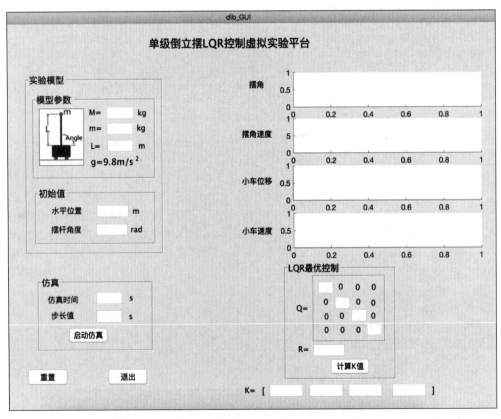

图 5-30 "单级倒立摆 LQR 控制虚拟实验平台"演示界面

5.4.3 MATLAB 仿真

倒立摆模型参数取 $M=1$、$m=1$、$L=1$,初始水平位置取 -0.15,摆杆角度取 -0.2。LQR 控制器参数取 $q_1=5$、$q_2=5$、$q_3=5$、$q_4=5$ 和 $R=5$,采用 LQR 方法计算控制 qi 增益 K。仿真时间取 10,仿真步长取 0.1,单击启动仿真,仿真结果如图 5-31 所示。

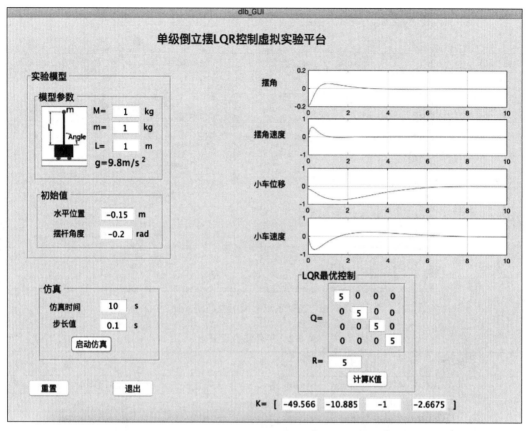

图 5-31 "单级倒立摆 LQR 控制虚拟实验平台"仿真结果

本章实践任务

1. 对 5.1 节建立的单级倒立摆模型,若采用 PID 控制器,其控制率为 $u = k_p e + k_d \dot{e} + k_i \int e \mathrm{d}t$,取 $k_p = 1000, k_d = 100, k_i = 10$,再次搭建该系统的 Simulink 模型进行仿真分析,并与 PD 控制器效果进行比较。

2. 对 5.2 节建立的单级倒立摆模型,若采用极点配置方法进行全状态反馈控制,设计控制率如下:$u = -Kx, K = \text{place}(A, B, P)$,其中 P 为配置的极点,取 $P = [-10-10i, -10+10i, -10, -20]$;place 为 MATLAB 极点配置命令,修改 S 函数,重新进行仿真分析,并与最优控制器效果进行比较。

3. 利用 GUI 工具箱设计一个如图 5-32 所示的控制系统时域响应演示界面,系统控件属性设置如表 5-2 所示,要求:

(1) 可输入传递函数分子、分母多项式系数;

(2) 可分别输出单位阶跃响应及单位脉冲响应曲线。

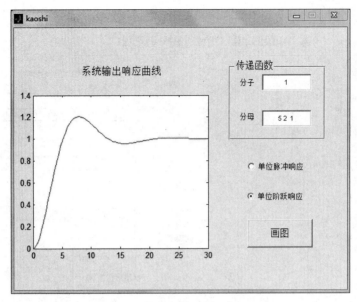

图 5-32 控制系统时域响应演示界面

表 5-2 控件属性设置

控 件 类 型	属 性 名	属 性 值
静态文本框	String(显示文字)	系统输出响应曲线
文本框	String(显示文字)	1
	Tag(标记)	edit1
文本框	String(显示文字)	521
	Tag(标记)	edit2
单选按钮	String(显示文字)	单位脉冲响应
	Value(值)	0
	Tag(标记)	radiobutton1
单选按钮	String(显示文字)	单位阶跃响应
	Value（值）	1
	Tag（标记）	radiobutton2
按钮	String(显示文字)	画图
	Tag（标记）	pushbutton1

提示：回调函数中需使用 str2num 把从文本框输入的字符转化成数字；sys＝tf（num，den）为计算传递函数，num、den 分别为传递函数的分子、分母系数向量；阶跃响应函数为［y,t］＝step(sys)，脉冲响应函数为［y,t］＝impulse(sys)。

第二篇　Altium Designer 实践训练

印制电路板及其设计软件

【本章导学】

印制电路板(printed circuit board,PCB)是所有电子产品不可或缺的一部分,有各种各样的形状和设计。PCB 提供一个结构,为电路中各种元件提供必要的机械支撑,同时通过线路连接各个部分,更是靠体积小、成本低等特点,成为各类电子产品不可或缺的部件之一。

本章介绍与 PCB 设计密切相关的一些基本概念,包括 PCB 的种类、常用术语、设计与制作流程,以及常用的 PCB 计算机辅助设计软件,并重点介绍 Altium Designer 软件的功能特点、文件管理系统、工程文件及各类设计文件的创建方法,帮助读者了解 Altium Designer 软件的初步使用方法,为后续利用该软件进行 PCB 设计储备相关的基础知识。

【学习目标】

(1) 熟悉 PCB 的种类、常用术语;
(2) 熟悉 PCB 的设计流程;
(3) 了解常用的 PCB 计算机辅助设计软件;
(4) 了解 Altium Designer 软件的功能特点;
(5) 掌握 Altium Designer 工程文件的组成;
(6) 掌握工程文件及各类设计文件的创建方法。

6.1 初识印制电路板

印制电路板(PCB)是通过一定的制作工艺,在绝缘度非常高的基材上覆盖上一层导电性能良好的铜薄膜构成覆铜板,然后根据具体的设计要求,在覆铜板上蚀刻出电路导线,并钻出焊盘和过孔。在双面板和多层板中,还需要对焊盘和过孔做金属化处理,即在焊盘和过孔的内孔周围做沉铜处理,以实现焊盘和过孔在不同层之间的电气连接。

PCB 的功能总结起来就是:为电路中的各种元件提供必要的机械支撑;提供电路的电气连接;用标记符号将板上所安装的各个元件标注出来,便于装配、检查及调试。

6.1.1 印制电路板的类型

根据印制电路板包含导电层的层数分类,印制电路板可分为单面板、双面板和多层板。

1. 单面板

单面板指仅一面有导电图形的印制电路板,它是在一面敷有铜箔的绝缘基板上,通过印制和腐蚀的方法在基板上形成印制电路,如图6-1所示。它适用于一般要求的电子设备电路。

2. 双面板

双面板指两面都有导电图形的印制电路板。它是在两面敷有铜箔的绝缘基板上,通过印制和腐蚀的方法在基板上形成印制电路,两面的电气互连通过过孔实现,如图6-2所示。由于双面板两面都可以布线,因而它适用于比单面板复杂的电路。

图6-1 单面板示意图　　　　图6-2 双面板示意图

3. 多层板

多层板是由交替的导电图形及绝缘材料层粘合而成的一块印制板,导电图形的层数在2层以上,比如4层板、6层板、8层板、10层板等,层间电气互连通过金属化孔实现,如图6-3所示。对于印制电路板的制作而言,板的层数越多,制作程序就越多,失败率增加,成本也相对提高,所以只有在复杂电路中才会使用多层板。

图6-3 多层板示意图

6.1.2 印制电路板中的常用术语

1. 焊盘(Pad)

焊盘是印制电路板上不可或缺的一个重要元素,几乎所有的电子元件都是通过它固定在印制电路板上,同时几乎所有的导线都起始于焊盘、结束于焊盘。电路板在工作时,导线的电流一定是从一个焊盘流入另一个焊盘。为了能够让PCB分别承载直插元件和贴片元件,焊盘通常设计为直插焊盘和贴片焊盘,如图6-4所示。

(1) 直插焊盘

直插焊盘由焊环和孔组成,从电气上连接PCB的顶层和底层,由于电子元件的形状是多种多样的,电子元件的引脚也会有几种不同的类型,常见的有圆柱形、矩形和薄片形。对于圆柱形和矩形引脚,一般会设计一个内孔为圆形,外部形状也是圆形或者矩形的焊盘。对于薄片形引脚,可以设计内孔为槽形,外部形状为椭圆形或者矩形的焊盘。

(2) 贴片焊盘

贴片焊盘只位于PCB的顶层或者底层。常见的贴片焊盘形状有矩形、圆形和椭圆形。如果要将顶层的贴片焊盘和底层的贴片焊盘进行电气连接,需要通过放置过孔来实现。

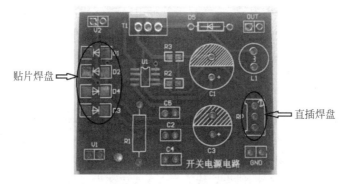

图 6-4　焊盘的种类

2. 过孔（Via）

对于双层板和多层板，各信号层之间是绝缘的，需在各信号层有连接关系的导线交汇处钻一个孔，并在钻孔后的基材壁上淀积金属，以实现不同导电层之间的电气连接，这种孔称为过孔。

在一些设计简单的 PCB 中，可能不需要任何过孔，PCB 上的导线就可以全部连接完成，但是大多数情况下，由于 PCB 上的元件种类比较多，元件的引脚也比较多，就导致单层无法全部布通导线，这时就需要使用过孔，如图 6-5 所示。

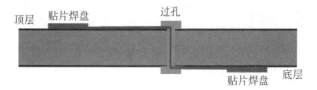

图 6-5　过孔的作用

过孔有三种，分别是通孔、盲孔和埋孔。其中通孔应用最为广泛，它贯穿整个双层板或者多层板的所有层，在电路板实物的两个面都可以看到。盲孔和埋孔只会在多层 PCB 中设计。盲孔是连接顶层和内层的孔，只会在电路板的一面看到它；埋孔是负责内层上下面电气连接的孔，在电路板实物的两个面都看不到。盲孔和埋孔制作成本较高，在设计时尽量使用通孔代替。过孔的类型如图 6-6 所示。

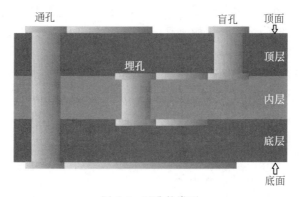

图 6-6　过孔的类型

过孔存在寄生电容和寄生电感,走线时尽量少用过孔,在同一层完成导线连接最好。设计者总是希望过孔越小越好,但是受到钻孔和电镀技术工艺的约束,过孔不能设计成无限小,具体需根据工厂的加工能力,设置过孔的最小内、外径。

3. 铜膜导线(Track)

印制电路板上,焊盘与焊盘之间起电气连接作用的是铜膜导线,简称导线,是印制电路板最重要的部分。它也可以通过过孔把一个导电层和另一个导电层连接起来。印制电路板设计都是围绕如何布置导线来进行的。

在 PCB 设计过程中,还有一种与导线有关的线,常称为飞线或预拉线。飞线是在引入网络表后,系统根据规则生成的,用来指引系统自动布线的一种连线。

飞线与铜膜导线有本质的区别:飞线只是一种形式上的连线,它只是形式上表示出各个焊盘间的连接关系,没有电气的连接意义。铜膜导线则是根据飞线指示的焊盘间的连接关系而布置的,是具有电气连接意义的连接线路。

4. 元件封装(Footprint)

电路原理图中的元件使用的是实际元件的电气符号,PCB 设计中用到的元件则是使用实际元件的封装。元件封装在 PCB 上的表现通常是元件的投影轮廓、引脚对应的焊盘、元件标号和标注字符等。后续在 7.3 节中将会具体介绍常见元件的封装。

5. 安全间距(Clearance)

在进行 PCB 设计时,为了避免导线、过孔、焊盘及元件的相互干扰,必须在它们之间留出一定的间距,这个间距称为安全间距。

6. 板层(Layer)

设计 PCB 需要使用 PCB 设计软件,不同的设计软件虽然设计的方法不太一样,但原理都是通过绘制不同的板层,最终形成 PCB 文件。PCB 一般包括很多层,不同的层包含不同的设计信息。常用的图层包括信号层、丝印层、阻焊层、锡膏层、机械层等,通过这些层的相互上下叠加,就可以实现 PCB 设计目标。

(1) 信号层(Signal Layers)

信号层从 PCB 的物理结构上说,属于铜箔层,用于电气连接和信号布线。它一般位于顶层、底层,如果设计的是多层板,比如 4 层板、8 层板,它还位于多层板的内层,用于建立电源和地网络。

(2) 丝印层(Silkscreen Layers)

丝印层包括顶层丝印层(Top Overlay)和底层丝印层(Bottom Overlay),又称为文字层,一般用于标注元件编号、类型、参数注释,并绘制元件的外形轮廓,标示出各元件在板子上的位置,便于电子元件在电路板上的安装和维修。丝印层也可用于放置电路说明、公司图标以及各种警示标志。

(3) 阻焊层(Top Solder 和 Bottom Solder)

阻焊层即电路板的顶层和底层盖油层,主要用于保护铜线,也可以防止元件被焊到不正确的地方,简单地说就是阻止不需要的焊接,所以叫阻焊层。阻焊层作为一种阻焊树脂保护涂层,涂覆在印刷电路板上不需焊接的线路和基材上,目的是长期保护电路板,避免电路板受氧化和暴露在灰尘中。当阻焊层失效时,元件的焊盘、铜膜导线会发生氧化,铜箔层会暴露。

（4）锡膏层（Top Paster 和 Bottom Paster）

锡膏层包括顶层锡膏层和底层锡膏层。当 PCB 上有大量的贴片元件时,可以采用回流焊机来进行焊接,在焊接前需在大量贴片元件的焊盘上刷锡膏（黏稠状焊锡）,这时需要做一个钢网,这个钢网会在 PCB 上所有贴片焊盘的位置开孔,也就是钢网的开孔位置和 PCB 焊盘位置完全一致。刷锡膏时,只需把钢网放在 PCB 上面,那么所有开孔位置,也就是贴片焊盘位置,就会有锡膏漏到 PCB 上,再贴元件,最后上回流焊机,利用高温热风形成回流,熔化焊锡进行焊接,从而使焊锡与元件进行黏合。所以,锡膏层的作用就是为贴片焊盘制造钢网用的,以便于焊接,所以又被称为助焊层。

（5）机械层（Mechanical Layers）

机械层是用于绘制电路板的外形以及电路板内安装孔所使用的层面,它用来定义整个 PCB 板的外观,之所以强调"机械",就是说它不带有电气属性,因此可以放心地用于勾画外形、机械尺寸等工作,而不必担心对 PCB 的电气特性造成任何改变。常见的 PCB 是矩形,但实际上很多都是不规则形状的,特别是消费类电子产品,在设计 PCB 的外形和尺寸时,需要根据它在产品中的位置、空间大小以及与其他部件的配合来确定。

（6）禁止布线层（Keep-Out layer）

用于在电路板布局时设定放置元件和导线的区域边界。

（7）多层（Multi-Layer）

该层上放置的对象将贯穿所有信号板层、内板层等,常用于放置跨板层对象,如直插焊盘、过孔等。

6.1.3 印制电路板的设计流程

印制电路板的设计与制作一般分为以下 8 个步骤：需求分析,电路仿真,绘制元件原理图符号,绘制元件封装,绘制原理图,设计 PCB,导出生产文件,制作电路板。具体如表 6-1 所示。

表 6-1 印制电路板设计流程

步骤	流程	具体工作
1	需求分析	按照需求设计一个电路原理图
2	电路仿真	使用电路仿真软件对设计的电路原理图进行部分或全部内容的仿真,验证电路的正确性
3	绘制元件原理图符号	在 PCB 设计软件中绘制电路中使用到的元件原理图符号
4	绘制元件封装	在 PCB 设计软件中绘制电路中使用到的元件封装
5	绘制原理图	加载所需的原理图库、封装库文件,在 PCB 设计软件中进行电路原理图设计,并进行电气规则检查

续表

步骤	流程	具体工作
6	设计PCB	规划好印制电路板(PCB板框、安装定位孔等),将原理图导入PCB设计环境,设置PCB设计规则,对电路板进行布局和布线等操作,并对电路板进行设计检查
7	导出生产文件	导出生产相关文件,包括材料清单(BOM)、Gerber文件等
8	制作电路板	电路板打样、元件焊接,并对电路板功能进行调试与验证

对于初学者来说,想要完全掌握这些步骤,最终设计并制作出电路板,就要有严谨的作风,保证每一步都不能出错。另外,需要说明的是,本实践训练篇主要介绍PCB设计软件的使用方法,整个设计环节不求全面覆盖,比如对于需求分析、电路仿真不做赘述,读者可借助其他仿真软件;制作电路板以及元件焊接部分不阐述,该环节留待读者在课后实践中加深对印制电路板设计的理解。

6.2 PCB计算机辅助设计软件

随着电子产品的智能化程度与日俱增,加工精度越来越高,快速、准确地完成印制电路板的设计对PCB工程师是一个挑战,同时也对设计工具提出了更高要求。目前主流的PCB设计软件,国外的有Altium Designer、PADS、Cadence等,国内的有立创EDA、华大九天EDA等。

6.2.1 PCB设计软件介绍

1. Altium Designer

Altium Designer是由Altium公司(前身为Protel公司)推出的EDA设计软件。该软件基于Windows界面风格,提供了电子产品一体化开发所需的所有技术和功能。Altium Designer简单易用,功能强大,适合初学者,并且由于在国内的各大高校推广较好,因而较早在国内使用,普及率最高。

2. PADS

PADS的前身是Power PCB,PADS系列是Mentor公司收购原Power PCB的升级产品,它是PCB设计高端用户最常用的工具软件。该软件的特点是简单易用,上手快,设计灵活,用户的自由度非常高。PADS系列工具包括:原理图工具PADS Logic,PCB工具PADS layout,自动布线工具PADS router,封装库制作工具LP wizard。PADS是市场上使用范围最广的一款EDA软件,其在消费类电子产品市场占有率比较高。

3. Cadence

Cadence是一个EDA工具集合,包含了各种各样的高速信号仿真软件和PCB设计软件,其中主要用到的有两个:一个是专门用来画原理图的OrCAD,另一个是专门用来做PCB Layout的Allegro。Cadence软件功能强大,画大型电路板有优势,它自带仿真工具,能够实现信号完整性仿真、电源完整性仿真。Cadence 市场占有率很高,发展前景好,但缺点是不容易上手。

4. 立创 EDA

以上介绍的 PCB 设计软件都为国外软件,而立创 EDA 是一款基于浏览器、具有自主知识产权的云端在线电路设计工具,无须下载客户端,打开网页即可使用,没有版权问题。立创 EDA 的主要功能有原理图设计、PCB 设计、电路仿真,设计完成后可直接生成生产文件。

此外,立创 EDA 还可以实现实时团队协作开发、在线共享;可从立创商城购买元件,并由嘉立创公司生产制造,一站式解决从设计到制造的相关问题;有大量的开源资料,大量的开源封装可直接调用。

6.2.2 Altium Designer 的功能特点

Altium Designer 软件是较早进入我国的电子设计自动化软件,一直以易学易用而深受广大电子设计者的喜爱。从 Altium Designer 6.9 开始,Altium 就尝试将硬件、软件和可编程硬件的开发集成在一起,使设计人员可以在单一的系统中完成各种电子产品的设计和管理。

Altium Designer 从功能上分为以下几个部分:电子电路原理图(SCH)设计、印制电路板(PCB)设计、信号完整性分析和可编程逻辑器件(FPGA)设计等。Altium Designer 的主要特点和功能如下。

1. 一体化的设计流程

Altium Designer 将原理图编辑、PCB 的绘制及打印等功能有机地结合在一起,形成了一个集成的开发环境。

2. 同步更新功能

Altium Designer 可以通过原理图编辑器的设计同步器更新目标 PCB,用户不必处理网络表文件的输出和载入,并且在信息向 PCB 的传递过程中,设计同步器会自动地在 PCB 文件中更新电气连接的信息,对修改过程中出现的错误还会提供报警信息。

3. 全面的设计规则定义

Altium Designer 提供了综合的、精密的设计规则定义,涵盖了 PCB 设计流程的各个方面,从电气、布线直到信号完整性等,用户可以快速、高效地定义所有的设计条件,灵活控制设计中的关键参数。

4. 强大的查错功能

Altium Designer 原理图编辑器中的 ERC(电气规则检查)工具和 PCB 编辑器的 DRC(设计规则检查)工具能够帮助设计者更快地查出和改正错误。

5. 丰富的元件库

Altium Designer 自带丰富的原理图符号库和 PCB 封装库，并且利用软件提供的封装向导功能还可以快速地进行新元件的设计，而且支持以前低版本的元件库，向下兼容。

6. 其他新增特性

从 Altium Designer 20 开始，软件升级后其性能更加优化，主要体现在：

（1）高级层堆栈管理器。图层堆栈管理器已经完全更新和重新设计，包括阻抗计算、材料库等。

（2）无限的机械层。没有图层限制，完全按照用户的要求组织自己的设计。

（3）布线改进。主动防止出现锐角及避免环路，优化差分布线，走线可以跟随板框形状（如圆弧、任意斜边）进行走线。

（4）元件的回溯功能。在设计好的 PCB 上面移动放置好的元件时，不必对它们重新布线，走线会自动跟随元件重新布线。

（5）多板 PCB 设计。将多个 PCB 设计项目结合到一个物理装配件系统中，确保多个板子的排列、功能正常，以及板子间相互配合不会发生冲突。

6.3 Altium Designer 的文件管理系统

本节主要介绍 Altium Designer 的工程文件管理系统、新工程的创建和各类组成文件的创建。需要说明的是，本教材的相关操作步骤、截图等是以最新的 Altium Designer 22 为设计平台。

6.3.1 Altium Designer 工程文件的组成

Altium Designer 采用工程级别的文件管理，在一个工程文件中包含了设计中生成的一切文件，比如原理图文件、PCB 文件、各种报表文件及保留在工程中的所有库或模型。一个工程文件类似 Windows 系统中的"文件夹"，在工程文件中可以执行对文件的各种操作，如新建、打开、关闭、复制与删除等。

一个完整的 PCB 工程至少包含以下 5 个文件（如图 6-7 所示）：

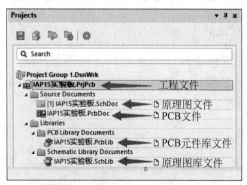

图 6-7 完整的工程文件组成

(1) 工程文件,文件扩展名为 *.PrjPcb。
(2) 原理图文件,文件扩展名为 *.SchDoc。
(3) 原理图库文件,文件扩展名为 *.SchLib。
(4) PCB 文件,文件扩展名为 *.PcbDoc。
(5) PCB 元件库文件,文件扩展名为 *.PcbLib。

Altium Designer 允许用户通过"Projects"面板访问与工程相关的所有文档。

注意:工程文件只负责管理,在保存文件时,其余各个设计文件是以单个文件形式保存的。

6.3.2 新工程及各类文件的创建

1. 工程文件的创建

(1) 打开 Altium Designer,执行菜单栏中的"文件"→"新的"→"项目"命令,如图 6-8 所示。

图 6-8 新建工程命令

(2) 在弹出的 Create Project 对话框中选择 Local Projects 选项卡,在 Project Type 列表框中选择 PCB＜Empty＞类型,并在右侧输入工程文件名,选择保存路径,之后单击 Create 按钮,即可以创建一个新的工程文件,如图 6-9 所示。

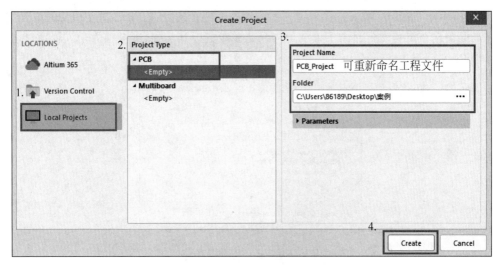

图 6-9 创建并保存工程文件

2. 原理图文件、PCB 文件的创建

执行菜单栏中的"文件"→"新的"→"原理图"或 PCB 命令,如图 6-10 所示。单击快速访问工具栏中的"保存"图标,或者按快捷键 Ctrl+S,将新建的原理图文件或 PCB 文件保存到工程文件路径下。

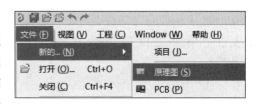

图 6-10 新建原理图或 PCB 文件

3. 原理图库文件、PCB 元件库文件的创建

执行菜单栏中的"文件"→"新的"→"库"→"原理图库"或"PCB 元件库"命令,如图 6-11 所示。单击快速访问工具栏中的"保存"图标,或者按快捷键 Ctrl+S,将新建的原理图库文件或 PCB 元件库文件保存到工程文件路径下。

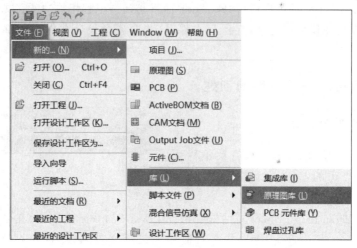

图 6-11　新建原理图库文件或 PCB 元件库文件

另外,由于 Altium Designer 采用工程级别的文件管理,所有与该工程相关的设计文件都应当保存在该工程文件目录下面。但如果是单独的设计文件,则会独立于工程项目之外,被称为 Free Documents(自由文件),如图 6-12 所示。

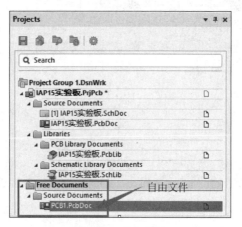

图 6-12　自由文件

6.3.3　添加文件或移除文件

1. 向工程中添加文件

如果要向工程中添加原理图、PCB、原理图库、PCB 元件库等文件,在工程文件目录上

右击,在弹出的下拉菜单中选择"添加已有文档到工程"命令,然后从相应文件夹中选择需要添加的文件即可,如图 6-13 所示。

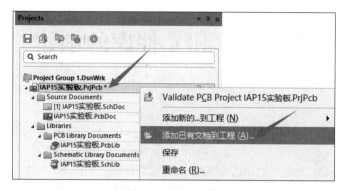

图 6-13　添加文件

2. 从工程中移除文件

如果要从工程中移除原理图、PCB、原理图库、PCB 元件库等文件,在工程目录下选择要移除的文件,然后右击,从弹出的快捷菜单中选择 Remove from Project 命令,即可从工程中移除相应的文件,如图 6-14 所示。

图 6-14　移除文件

本章实践任务

1. 登录 Altium 中文官网,在首页中找到免费学生许可证的申请入口,根据在线操作提示,填写相关信息,获得学生许可证的邮箱认证,下载 Altium Designer 22 离线安装包,完成软件的安装和激活。

2. 启动 Altium Designer 22,建立名为"IAP15 实验板"的工程文件,并建立同名的原理图文件、PCB 文件、原理图库文件、PCB 元件库文件。

3. 进一步熟悉 Altium Designer 22 各编辑环境,在原理图编辑环境、PCB 编辑环境、原理图库编辑环境、PCB 元件库编辑环境中相互切换,并初步了解各编辑环境的界面功能。

第 7 章 原理图库和元件库的创建

【本章导学】

Altium Designer 为用户提供了非常丰富的元件库,包含了世界著名大公司生产的各种常用的元件。但是在电子技术日新月异的今天,每天都会诞生新的元件,所以用户在设计原理图以及 PCB 的过程中,经常会遇到元件查找不到,需要自行绘制某些特定元件原理图符号、封装的情况。另外,PCB 设计工程师通常会按照一定的标准和规范创建自己的元件库,这样有助于提高设计效率。

本章将对元件原理图库的创建、常见元件的封装以及元件库的创建进行详细介绍,并让读者学会创建和管理自己的项目元件库,从而提高 PCB 的设计效率。

【学习目标】

(1) 熟悉常见元件的封装;
(2) 熟悉原理图库、元件库常用的绘图命令;
(3) 掌握元件原理图符号的绘制方法;
(4) 掌握元件封装的绘制方法;
(5) 掌握元件原理图符号和封装关联的方法;
(6) 熟悉封装管理器的使用。

7.1 原理图库常用绘图命令

按照前面 6.3.2 节介绍的新建原理图库文件的方法,即可进入原理图库文件的编辑环境中。

单击实用工具中的 图标,则会弹出相应的原理图符号绘制工具栏,其中各个按钮的功能与菜单栏"放置"的各项命令具有对应的关系,如图 7-1 所示。

图 7-1 原理图库常用绘图命令

原理图库中常用绘图工具的功能说明如表 7-1 所示。

表 7-1 原理图库中常用绘图工具的功能

图标	功能	图标	功能
/	绘制直线	∿	绘制贝赛尔曲线
⌒	绘制椭圆弧线	⬠	绘制多边形
A	添加文字说明	∞	放置超链接

续表

图 标	功 能	图 标	功 能
	放置文本框		创建器件
	添加器件部件		放置矩形
	放置圆角矩形		放置椭圆
	放置图像		放置引脚

下面对放置引脚的过程进行讲解。具体步骤如下：

（1）执行菜单栏中的"放置"→"引脚"命令，或者单击绘图工具栏中的 按钮，光标变为十字形，并带有一个引脚图形。

（2）移动该引脚到所画的元件原理图符号边框处，单击完成引脚的放置，注意保证具有电气特性的一端（"×"号的一端）朝外，如图 7-2 所示。此时可以通过按 Space 键实现引脚旋转，调整方向。

（3）此时仍处于放置引脚状态，重复上一步操作即可放置其他引脚。

（4）设置引脚属性。双击需要设置属性的引脚，或者当引脚处于放置的悬浮状态时，按下 Tab 键，将打开它的属性面板，如图 7-3 所示，可以在其中对它的属性进行修改。

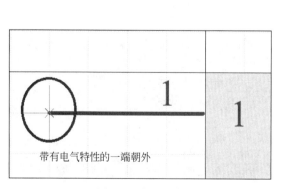

图 7-2　放置引脚

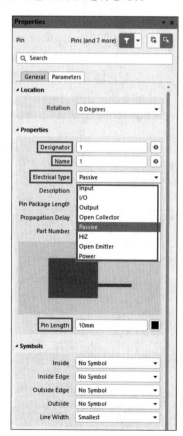

图 7-3　引脚属性编辑面板

引脚属性面板中各项含义如下：

(1) Designator：用来设置元件的引脚编号，应该与实际的元件引脚编号、封装焊盘相对应，右边的 ◎ 用于设置显示或隐藏。

(2) Name：用来设置元件引脚的名称，右边的 ◎ 用于设置显示或隐藏。

(3) Electrical Type：用来设置元件引脚的电气特性，有 Input（输入）、I/O（输入/输出）、Output（输出）、OpenCollector（集电极开路）、Passive（无源）、HiZ（高阻引脚）、OpenEmitter（发射极开路）和 Power（电源，VCC 或 GND）8 个选项。若无须做电路的仿真验证，可以选择 Passive 选项，表示不设置元件引脚的电气特性。

(4) Pin Length：用来设置元件引脚的长度。

(5) Symbols：根据元件引脚的功能及电气特性为该引脚设置不同的 IEEE 符号，作为读图时的参考。可放置在元件原理图符号的内部、内部边沿、外部边沿或外部等不同位置，没有任何电气意义。

7.2 元件原理图符号的绘制

本节以"IAP15 实验板"电路中用到的元件为例，介绍元件原理图符号的绘制方法。具体如下：以 USB 转串口 CH340C 芯片、四位数码管 SR420361N 为例，介绍手工绘制元件原理图符号的两种方法；以 IAP15F2K61S2 单片机为例，介绍利用符号向导绘制元件原理图符号的方法；以运算放大器 LM324 为例，介绍含有子部件的元件原理图符号的绘制方法。

7.2.1 手工绘制元件原理图符号

1. CH340C 芯片的绘制

CH340C 是一个 USB 总线的转接芯片，实现 USB 转串口或者 USB 转打印口，其引脚说明如表 7-2 所示。

表 7-2 CH340C 引脚说明

引脚号	引脚名称	引脚类型	引脚说明
1	GND	电源	公共接地端，直接连接 USB 总线的地线
2	TXD	输出	串行数据输出
3	RXD	输入	串行数据输入
4	V3	电源	在 3.3V 电源电压时连接 VCC 输入外部电源，在 5V 电源电压时外接容量为 0.1μF 的退耦电容
5	UD+	USB 信号	直接连到 USB 总线的 D+ 数据线
6	UD−	USB 信号	直接连到 USB 总线的 D− 数据线
7	NC	空脚	
8	NC	空脚	
9	CTS#	输入	MODEM 联络输入信号，清除发送，低有效
10	DSR#	输入	MODEM 联络输入信号，数据装置就绪，低有效
11	RI#	输入	MODEM 联络输入信号，振铃指示，低有效
12	DCD#	输入	MODEM 联络输入信号，载波检测，低有效

续表

引脚号	引脚名称	引脚类型	引 脚 说 明
13	DTR#	输出	MODEM 联络输出信号,数据终端就绪,低有效
14	RTS#	输出	MODEM 联络输出信号,请求发送,低有效
15	R232	输入	辅助 RS232 的功能使用,高电平有效,内置下拉
16	VCC	电源	正电源输入端,需要外接 $0.1\mu F$ 的电源退耦电容

具体绘制步骤如下:

(1) 新建库文件

执行"文件"→"新的"→"库"→"原理图库",创建一个原理图库文件,重新命名并保存为"IAP15 实验板.SchLib",双击库文件名"IAP15 实验板.SchLib",打开库文件,此时窗口的右边就是原理图库文件的编辑界面。

(2) 为新建的原理图符号命名

切换到 SCH Library 工作面板,可以看到在创建了一个新的原理图库文件的同时,系统已自动为该库添加了一个名为 Component_1 的库文件。单击选择 Component_1,然后单击下面的"编辑"按钮,在弹出的 Properties 面板中将原理图符号重新命名为"CH340C",如图 7-4 所示。

(3) 绘制 CH340C 原理图符号的矩形边框

单击实用工具栏上的绘制矩形按钮,如图 7-5 所示。移动鼠标到第四象限的原点处,单击鼠标确定矩

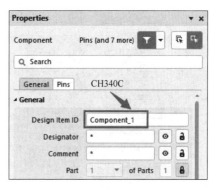

图 7-4 元件重新命名

形的左上角点,然后拖动光标画出一个矩形,再次单击确定矩形的右下角点,如图 7-6 所示。

(4) 放置引脚并对引脚属性进行编辑

单击实用工具栏上的"放置引脚"按钮,如图 7-7 所示。此时光标会变成十字形,并且伴随着一个引脚的浮动虚影,移动光标到目标位置,单击就可以将该引脚放置到图纸上。需要注意:在放置引脚时,具有电气特性的一端("×"号的一端)朝外。在放置过程中可以按 Space 键旋转引脚。当引脚处于放置的悬浮状态时,按下 Tab 键,将打开它的属性对话框,可对引脚属性进行修改,具体按照表 7-2 进行。

图 7-5 放置矩形按钮

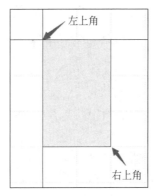

图 7-6 绘制矩形框

图 7-7 放置引脚按钮

有些引脚是低电平有效，在编辑引脚名称时加"\"符号，例如引脚9，输入"C\T\S\"。将所有引脚属性设置完毕，如图7-8所示。

(5) 元件属性设置

在 Properties 面板中，将元件的 Designator 设置为"U?"，将 Comment 设置为"CH340C"，如图7-9所示。至于它的封装形式，后续会在7.6节中介绍其添加方法。

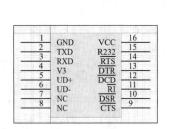

图 7-8　放置好引脚后的 CH340C

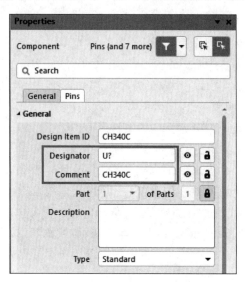

图 7-9　CH340C 的属性设置

2. 四位数码管的绘制

四位数码管是一种常用的半导体发光器件，现以型号为 SR420361N 的四位数码管为例，介绍其原理图符号的绘制方法，图 7-10 为其实物外形及示意图。

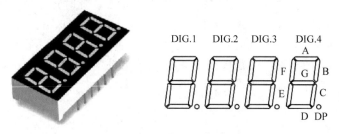

图 7-10　四位数码管 SR420361N 的实物及示意图

SR420361N 是 0.36in，共阴四位数码管，因为有 4 个数码管，所以有 4 个公共端，分别为 12(DIG.1)、9(DIG.2)、8(DIG.3)、6(DIG.4)，表示 4 个数码管的位，加上段引脚 11(A)、7(B)、4(C)、2(D)、1(E)、10(F)、5(G)、3(DP)，共有 12 个引脚。图 7-11 为共阴四位数码管的内部结构图。

说明：需要绘制的四位数码管 SR420361N 原理图符号与软件集成的原理图库 Miscellaneous Devices.SchLib 中的 Dpy Red-CC 元件较为相似，可将已有的元件原理图符号复制到自己建立的原理图库中，对原理图符号进行修改以满足特定的需求。

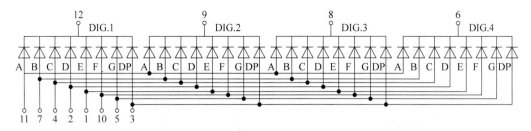

图 7-11　四位数码管 SR420361N 内部引脚图

下面采用该方法来绘制 SR420361N 的原理图符号。具体绘制步骤如下：

(1) 创建元件并命名

在"IAP15 实验板.SchLib"原理图库编辑环境中，执行菜单栏中的"工具→新器件"，或者按快捷键 Tab+C 新建一个元件，并在弹出的 New Component 对话框中输入新建元件的名字"SR420361N"。

(2) 打开集成库文件

执行"文件"→"打开"命令，找到 AD 安装目录下，库中的 Miscellaneous Devices.IntLib 集成库文件后双击，就会弹出如图 7-12 所示的对话框，执行解压源文件命令。

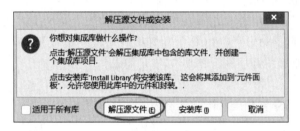

图 7-12　解压源文件对话框

Altium Designer 的集成库文件位于软件安装路径下的 Library 文件夹中，它提供了大量的元件模型。设计者可以打开一个集成库文件，执行解压源文件命令，从集成库中提取出库的源文件，找到相应元件的原理图符号或封装，复制至自己的库文件中，可以对元件的原理图符号或封装进行编辑。

(3) 打开原理图库文件

执行完解压源文件命令后，将在 Project 面板出现图 7-13 所示文件，鼠标双击 Miscellaneous Devices.SchLib，打开该文件。

图 7-13　Miscellaneous Devices 器件封装库

(4) 查找需要的类似元件

在 SCH Library 面板中查找 Dpy Red-CC，找到后，该元件的原理图符号将显示在设计窗口中，如图 7-14 所示。

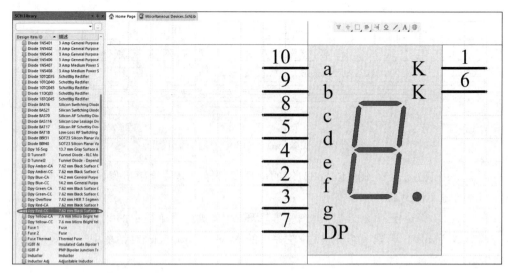

图 7-14　Miscellaneous Devices.ScbLib 中的 Dpy Red-CC 元件原理图符号

(5) 复制元件原理图符号并粘贴至目标库

将元件 Dpy Red-CC 的原理图符号全选,单击菜单栏中的"编辑"→"复制",然后进入"IAP15 实验板.SchLib",单击 SCH Library 面板,选中"SR420361N"元件,再单击菜单栏中的"编辑"→"粘贴",此时,Dpy Red-CC 的原理图符号成功地被复制到自己的库文件中,在此基础上可以对该原理图符号进行修改,以满足需求。

(6) 修改元件的原理图符号

利用复制、粘贴命令将数码管图标复制为 4 个。

单击绘制工具栏中的"放置引脚"按钮,完成四位数码管 SR420361N 引脚的放置,注意保证具有电气特性的一端("×"号的一端)朝外。

在放置引脚时,按下 Tab 键,或者双击已完成放置的引脚,在元件引脚属性编辑面板进行引脚属性的设置(图 7-11),完成绘制后的四位数码管 SR420361N 原理图符号如图 7-15 所示。

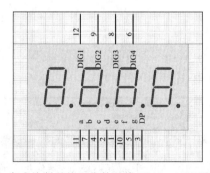

图 7-15　完成绘制后的四位数码管 SR420361N 原理图符号

(7) 设置元件属性

在 Properties 面板中,将元件的 Designator 设置为"SEG?",将 Comment 设置为"SR420361N"。至于它的封装形式,待后续在 7.5 节将其封装绘制完成后再添加。

7.2.2 利用符号向导绘制元件原理图符号

对于一些引脚数目特别多的集成电路元件,在绘制其原理图符号时,可以利用 Altium Designer 22 的符号向导功能快速地绘制其原理图符号。

下面以 IAP15F2K61S2 为例,详细介绍使用 Symbol Wizard 制作元件原理图符号的方法,图 7-16 为其引脚图。IAP15F2K61S2 为蓝桥杯练习板上使用的单片机,自带仿真功能,其引脚图与 STC15F2K60S2 相同,但 STC15F2K60S2 没有仿真功能。

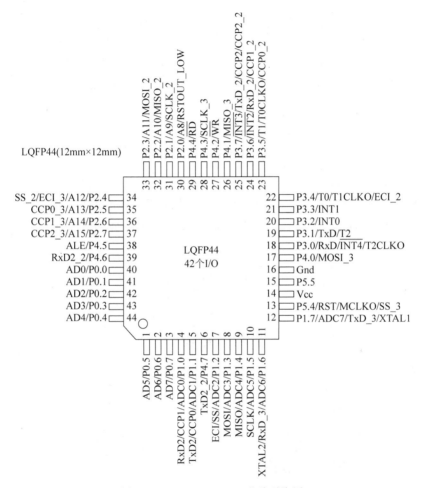

图 7-16　IAP15F2K61S2 芯片引脚图

具体绘制步骤如下:
(1) 创建元件并命名

在"IAP15 实验板.SchLib"原理图库编辑环境中,执行菜单栏中的"工具"→"新器件"命令,新建一个元件,在弹出的 New Component 对话框中输入新建元件的名字"IAP15F2K61S2"。

(2) 利用符号向导绘制原理图符号

执行菜单栏中的"工具"→Symbol Wizard,打开 Symbol Wizard 对话框,如图 7-17 所示。

然后在对话框中输入引脚相关信息,具体包括引脚名称、引脚编号、引脚属性以及引脚排列方式。(提示:引脚信息无须一个个手工输入,可以直接从元件的说明书复制。)

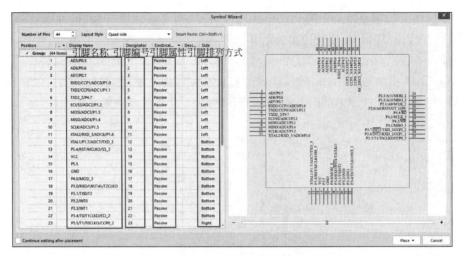

图 7-17　在 Symbol Wizard 对话框中输入引脚信息

(3) 元件放置

引脚相关信息输入完成后,单击该对话框右下角的 Place 下拉按钮,选择 Place Symbol 命令,这样画好的 IAP15F2K61S2 芯片原理图符号就出现在原理图库编辑环境中,效果如图 7-18 所示。

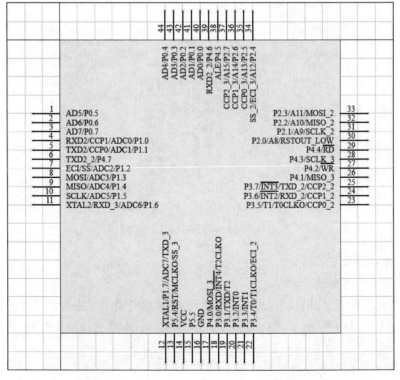

图 7-18　利用 Symbol Wizard 制作的 IAP15F2K61S2 芯片原理图符号

(4) 设置元件属性

在 Properties 面板中,将元件的 Designator 设置为"U?",将 Comment 设置为 "IAP15F2K61S2"。至于它的封装形式,待后续在 7.4 节将其封装绘制完成后再添加。

7.2.3 绘制含有子部件的元件原理图符号

当一个元件中包含多个结构完全相同的独立功能模块时,把它全部画在一个原理图符号中将会非常耗费空间,且后期使用时会导致原理图不简洁,此时将该元件描述成几个独立的功能部件比将其描述成单一模型更方便实用。这样的元件有很多,如 2 输入四与门芯片 74LS08、双运算放大器 LF353 等。

Altium Designer 可以通过绘制子部件的方法来进行多部件元件原理图符号的创建,通常第一部分称为 Part A,第二部分称为 Part B,依此类推。虽然这些元件在原理图上是一个部分一个符号,但它们属于一个元件,在 PCB 板上为一个封装图形,即所有子部件合在一起时是一个完整的元件,每个子部件均对应同一个封装,仅对应的焊盘编号不一样。

下面利用原理图库编辑环境中的相应命令来绘制一个含有子部件的元件 LM324。LM324 由 4 个完全相同的运算放大器组成,内含相位补偿电路,其引脚如表 7-3 所示。

表 7-3 LM324 引脚说明

引脚编号	功 能	符 号	引脚编号	功 能	符 号
1	输出 1	OUT1	8	输出 3	OUT3
2	反向输入 1	IN1−	9	反向输入 3	IN3−
3	正向输入 1	IN1+	10	正向输入 3	IN3+
4	电源	VCC	11	地	GND
5	正向输入 2	IN2+	12	正向输入 4	IN4+
6	反向输入 2	IN2−	13	反向输入 4	IN4−
7	输出 2	OUT2	14	输出 4	OUT4

具体绘制步骤如下:

(1) 新建元件 LM324

在"IAP15 实验板.SchLib"原理图库编辑环境中,执行菜单栏中的"工具"→"新器件"命令,新建一个器件,并重命名为 LM324。

执行菜单栏中"工具"→"新部件"命令,这时在 SCH Library 工作面板中可以看到元件 LM324 有了两个子部件,即 Part A 和 Part B。再执行两次上述操作,可添加 Part C 和 Part D,如图 7-19 所示。

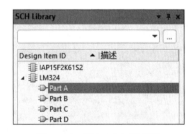

图 7-19 添加四个子部件

(2) 绘制 LM324 的 Part A

单击 SCH Library 工作面板中的"Part A",在该工作环境中绘制 Part A 部分图形。

运算放大器的 Part A 由三角形和相应的引脚所构成,绘制过程如下:

① 绘制三角形:执行"放置"→"多边形"命令,光标变为十字形,在原理图库编辑环境中的原点位置绘制一个运放的三角形符号。

② 放置引脚：执行"放置"→"管脚"命令，光标变成十字形，并带有一个引脚图标。移动该引脚到运放符号的边框处，单击完成引脚的放置，注意保证具有电气特性的一端（"×"号的一端）朝外，并按表 7-3 完成引脚属性的设置。

(3) 绘制其他子部件

Part B、Part C、Part D 和 Part A 的区别仅仅是元件引脚的不同，所以只需要将 Part A 选中后复制，分别切换到 Part B、Part C、Part D 页面中粘贴，然后改变各部分元件引脚属性即可，各部分绘制完成后如图 7-20 所示。

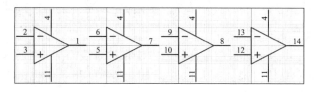

图 7-20　LM324 的 Part A、Part B、Part C、Part D

(4) 设置公共引脚

在元件 LM324 中，电源引脚 4 和引脚 11 是公共的。在 Properties 面板中单击 Pins 按钮，再单击 ✎ 图标（编辑引脚），将出现"元件管脚编辑器"对话框，在该对话框中将电源引脚 4 和引脚 11 的 Part Number 设置为"0"，即表示公共引脚，如图 7-21 所示，并且还可以将公共引脚设置为不可见。

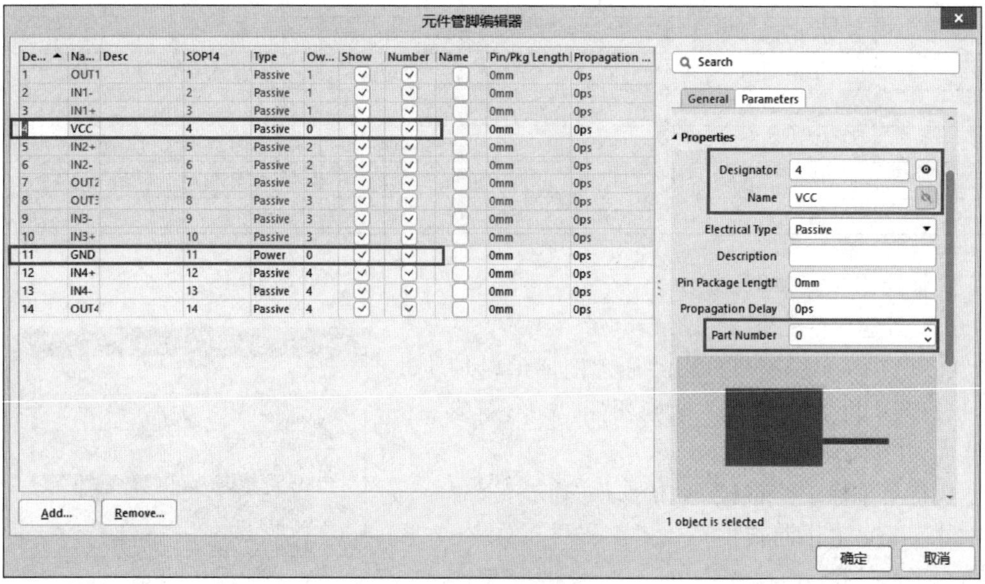

图 7-21　元件管脚编辑器

(5) 设置元件属性

在 Properties 面板中单击 General 按钮，将元件的 Designator 设置为"U?"，将 Comment 设置为"LM324"。至于它的封装形式，待后续在 7.5 节将其封装绘制完成后再添加。

7.3 常见元件的封装

元件封装按照安装方式的不同可以分为两大类:直插式和表面粘贴式。

直插式元件的焊盘一般贯穿整个电路板,从顶层穿下,在底层进行元件的引脚焊接;表面粘贴式元件的焊盘只附着在电路板的顶层或底层,元件的焊接是在装配元件的工作层面上进行的。

建议读者在进行 PCB 设计时,在条件允许的情况下尽量选用表面粘贴式元件封装,这是因为它相对于直插式元件封装有如下优点:①体积小、重量轻,占用 PCB 板面少,节省材料,易于自动化加工,提高生产效率;②元件之间布线距离短,高频特性好,减少了电磁和射频干扰,提高了电路的稳定性和可靠性;③表面粘贴式元件比直插式元件容易焊接和拆卸。

7.3.1 电阻、电容、电感元件的封装

1. 电阻

常见的电阻封装有两大类:贴片电阻和直插电阻。两者的应用场合不同,贴片电阻多采用 SMT 技术焊接,用于小型电路板中;直插电阻多采用手工焊接,用于需要手工装配的 PCB 中。

(1) 贴片电阻

贴片电阻常见封装形式有 9 种,有英制和公制两种表示方式。

英制表示方法是采用 4 位数字表示的 EIA(美国电子工业协会)代码,前两位表示电阻长度,后两位表示宽度,以英寸(in)为单位。例如 0805 封装就是英制代码,08 表示 0.08in,05 表示 0.05in。

实际上公制很少用到,公制代码也由 4 位数字表示,其单位为毫米(mm),与英制类似。

表 7-4 为常规贴片电阻的标准封装及额定功率,图 7-22 为贴片电阻尺寸示意及封装。

表 7-4 常规贴片电阻的标准封装及额定功率

英制(mil)	公制/mm	长 L/mm	宽 W/mm	高 H/mm	额定功率/W
0201	0603	0.60±0.05	0.30±0.05	0.23±0.05	1/20
0402	1005	1.00±0.10	0.50±0.10	0.30±0.10	1/16
0603	1608	1.60±0.15	0.80±0.15	0.40±0.10	1/10
0805	2012	2.00±0.20	1.25±0.15	0.50±0.10	1/8
1206	3216	3.20±0.20	1.60±0.15	0.55±0.10	1/4
1210	3225	3.20±0.20	2.50±0.20	0.55±0.10	1/3
1812	4832	4.80±0.20	3.20±0.20	0.55±0.10	1/2
2010	5025	5.00±0.20	2.50±0.20	0.55±0.10	3/4
2512	6432	6.40±0.20	3.20±0.20	0.55±0.10	1

(2) 直插电阻

AXIAL 是普通直插电阻的封装形式,也可用于电感之类的元件,后面跟的数字是指两个焊盘的间距。如 AXIAL-0.3(小功率直插电阻)中的 0.3 表示焊盘间距为 0.3in 或

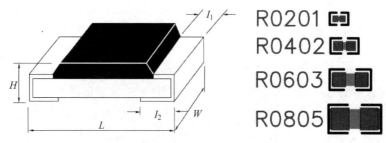

图 7-22 贴片电阻尺寸示意及其封装

300mil(1in＝1000mil＝2.54cm)。常见封装形式有 AXIAL-0.3、AXIAL-0.4、AXIAL-0.5、AXIAL-0.6、AXIAL-0.7、AXIAL-0.8、AXIAL-0.9、AXIAL-1.0。直插电阻及其封装如图 7-23 所示。

很多热敏、压敏、光敏、湿敏电阻的封装很像电容,如图 7-24 所示。这类电阻的封装可以用后续介绍的直插式无极电容封装,比如 RAD-0.1。

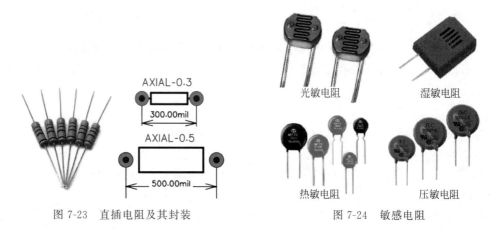

图 7-23 直插电阻及其封装　　　图 7-24 敏感电阻

(3) 其他电阻

可调式电阻器的封装由于其引脚的独特性,如图 7-25 所示,很多引脚焊盘不能使用传统的圆形,需要遵照产品手册进行单独设计。

图 7-25 可调式电阻器

另外，排阻也有直插和贴片两种形式，贴片排阻在集成度较高的 PCB 中较为常见，型号和贴片电阻大致相同。

2．电容

常见的电容分为无极性电容和极性电容两种，常见的封装有贴片和直插两种形式。

(1) 贴片电容

贴片无极性电容的封装和贴片电阻的一样。

贴片极性电容有两大类封装，如图 7-26 所示，上面为钽电容及其封装，下面为电解电容及其封装。

钽电容的封装形式为 TAJ-A/B/C/D，分别对应 A 型(3216)、B 型(3528)、C 型(6032)、D 型(7343)四个系列，如 TAJ-A 表示 A 型钽电容，外形尺寸为 3.2mm×1.6mm。同等容量下，封装越大，耐压值越大。

电解电容封装形式为 ECXX-XX-XX，第一个 XX 表示引脚间距，第二个 XX 表示柱体直径，第三个 XX 表示柱体高度，单位都是 mm。

图 7-26　贴片极性电容及其封装

注意：钽电容的正极带有横杠；贴片电解电容的外壳阴影区为负极，外壳缺口为正极。

(2) 直插电容

直插无极性电容封装以 RAD 标识，有 RAD-0.1、RAD-0.2、RAD-0.3、RAD-0.4，RAD 后面的数字表示焊盘中心孔间距，如图 7-27 所示，RAD-0.1 中的 0.1 表示焊盘间距为 0.1in 或 100mil。

直插极性电容引脚长的是正极，表面灰色标识端是负极。电解电容的封装为 RB 系列，例如 RB5-10.5、RB7.6-15，其后缀的第一个数字表示封装模型中两个焊盘间的距离，第二个数字表示电容外形的尺寸，单位都是 mm，如图 7-28 所示。

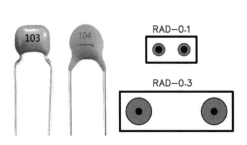

图 7-27　直插式无极性电容及其封装

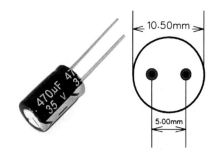

图 7-28　直插式极性电容及其封装

3．电感

(1) 贴片电感

贴片电感的常见封装形式分为两大类：一类是普通的贴片形式，如 L0402、L0603；另一类是 CD 形式,如 CD75,其中 7 代表直径,5 代表高度,单位都是 mm。贴片电感及其封装如图 7-29 所示。

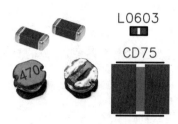

图 7-29　贴片电感及其封装

(2) 直插电感

直插电感的封装形式分为两大类:一类是普通的直插形式,如 L_AXIAL_0.6(V),代表长度为 0.6in(15.24mm)的电感,V 表示其状态是否是立起的;另一类是 PK 形式,对应工字形电感,如 PK0406,代表直径为 4mm、长度为 6mm 的电感。直插电感及其封装如图 7-30 所示。

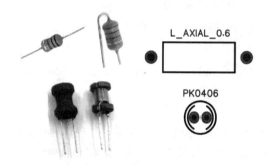

图 7-30　直插电感及其封装

7.3.2　二极管的封装

1. 贴片二极管和 LED

常见的贴片二极管有两种封装形式:①SMX 形式,即 SMA(2010)、SMB(2114)、SMC(3220);②SOD 形式,即 SOD-123(1206)、SOD-323(0805)、SOD-523(0603)。这里括号内的标注和贴片电阻、电容的封装形式相同。

贴片 LED 采用和贴片电阻一样的封装形式,常见的有 0805、0603 等。

2. 直插二极管和 LED

直插二极管的封装命名规则为:DO-XX。DO 后面的数值表示长度和管体大小,具体需参考数据手册。

直插 LED 一般直接标注外壳直径,例如 LED-5mm 代表外壳直径为 5mm 的 LED 灯珠。

常见二极管和 LED 的封装如图 7-31 所示。

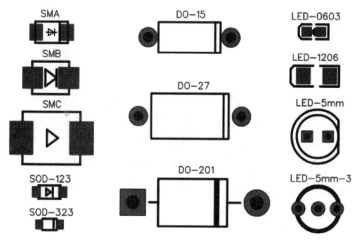

图 7-31 二极管和 LED 的封装

7.3.3 三极管的封装

1. 贴片三极管

常见贴片三极管的封装形式有 SOT-23 和 SOT-223,两者大小不同,引脚含义不同。SOT-23 的引脚含义为:1—基极;2—发射极;3—集电极。SOT-223 的引脚含义为:1—基极;2,4—集电极;3—发射极。贴片三极管及其封装如图 7-32 所示。

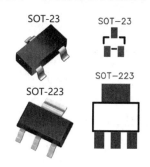

图 7-32 贴片三极管及其封装

2. 直插三极管

常见直插三极管的封装形式有 TO-92 和 TO-220,具体参数需查阅数据手册。直插三极管及其封装如图 7-33 所示。(**注意**:大功率三极管要考虑散热片的空间。)

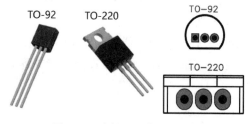

图 7-33 直插三极管及其封装

7.3.4 芯片的封装

1. 直插 IC

直插 IC 的封装形式有 DIP(双列直插式封装)和 SIP(单列直插式封装)。

DIP 是绝大多数中小规模集成电路采用的封装形式,其引脚数一般不超过 100,采用这种封装方式的芯片有两排引脚,其特点是可以很方便地实现 PCB 板的穿孔焊接。DIP 的主要分类有 CerDIP(陶瓷双列直插式封装)和 PDIP(塑料双列直插式封装)等。

SIP 通常是通孔式的,引脚从封装一个侧面引出,排列成一条直线。引脚中心距通常为 2.54mm,引脚数目从 2 到 23,多为定制产品。封装的形状各异。

2. 贴片 IC

贴片 IC 的封装有多种类型,具体如下:

(1) SOP(小外形封装)

SOP 是英文 Small Outline Package 的缩写,即小外形封装。常见的封装材料有塑料、陶瓷、玻璃、金属等,现在基本采用塑料封装。它的应用范围很广,主要用在各种集成电路中。目前主要派生出 TSOP(薄型小尺寸封装)、VSOP(甚小外形封装)、SSOP(缩小型 SOP)、TSSOP(薄的缩小型 SOP)、MSOP(微型外廓封装)、QSOP(四分之一尺寸外形封装)、QVSOP(四分之一体积特小外形封装)等。

(2) SOIC(小外形 IC 封装)

SOIC 是一种小外形集成电路封装,外引线数不超过 28 条,一般有宽体和窄体两种封装形式。它比同等 DIP 封装减少 30%~50% 的空间,厚度方面减少约 70%。

(3) LCC(带引脚或无引脚芯片载体)

带引脚的陶瓷芯片载体是表面贴装型封装之一,引脚从封装的四个侧面引出,是高速和高频 IC 常采用的封装形式。

(4) QFP(四方扁平封装)

QFP 是方型扁平式封装,一般为正方形,四边均有管脚。采用该封装实现的 CPU 芯片引脚之间的距离很小,管脚很细,一般大规模或超大规模集成电路采用这种封装形式,其引脚数一般都在 100 以上。因其封装外形尺寸较小,适合高频应用。这类封装有 CQFP(陶瓷四方扁平封装)、PQFP(塑料四方扁平封装)、SSQFP(自焊接式四方扁平封装)、LQFP(薄型四方扁平封装)、TQFP(纤薄四方扁平封装)、SQFP(缩小四方扁平封装)等。

(5) BGA(球状引脚球栅阵列封装)

BGA 是球状引脚栅格阵列封装,在印刷基板的背面按陈列方式制作出球形凸点用以代替引脚,在印刷基板的正面装配 LSI 芯片,然后用模压树脂或灌封方法进行密封。它也被称为凸点陈列载体(PAC)。

常见芯片的封装如图 7-34 所示。

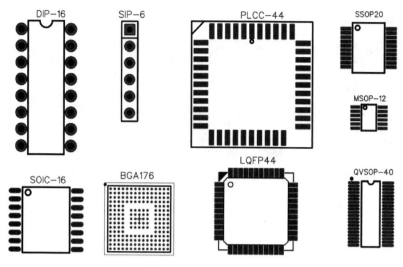

图 7-34　芯片的封装

7.3.5　接插件的封装

常见的接插件有排针、排母、端子、USB 接口、牛角座等,分别适用于不同的场合。

1. 排针与排母

排针与排母适用于连接杜邦线、简易信号线,常见的有两种引脚间隔,分别为 2.54mm 和 1.27mm。

2. 端子

端子适用于大电流、电压的地方,不同的端子引脚间隔不同,常见的有 KFXX 系列端子。

3. USB 接口

USB 接口适用于供电和信号传输,常见的有 USB-MINI、USB-micro、USB-Type-C 等,使用时应该注意电路板空间和接口的公母型号。

4. 牛角座

牛角座适用于连接需要区分的信号,牛角座一侧有开槽,因而具有方向性。
常见接口及其封装如图 7-35 所示。

图 7-35 常见接口及其封装

7.4 PCB 元件库常用绘图命令

打开或新建一个 PCB 元件库文件，即可进入 PCB 元件库的编辑环境。

单击菜单栏中的"放置"命令，则打开 PCB 元件库中的绘图工具栏，其中列出了封装绘制过程中常用的操作命令，主要封装绘制工具功能说明如表 7-5 所示。

现将封装绘制过程中常用的放置焊盘和放置线条的步骤进行介绍。

表 7-5 封装绘制工具的功能说明

图 标	功 能	图 标	功 能
/	放置线条	⌒	放置圆弧（中心）
⊙	放置焊盘	⌒	放置圆弧（边缘）
⌀	放置过孔	⌒	放置圆弧（任意角）
A	放置字符串	○	放置圆

1. 放置焊盘

（1）执行菜单栏中的"放置"→"焊盘"命令，或者单击工具栏中的焊盘图标，光标变成十字形，并带有一个焊盘图标。

（2）在放置状态下按下 Tab 键，在弹出的对话框中设置焊盘属性，如图 7-36 所示。

其中主要的选项介绍如下：

① Designator：设置焊盘序号，注意序号要与原理图库中的元件引脚标号对应。

② Layer：设置焊盘所在的层。

③ Shape：设置焊盘的外形，有 Round（圆形）、Rectangular（方形）、Octagonal（八角形）、Rounded Rectangle（圆角矩形）四种形状可供选择。

④ X/Y：Rotation 上的 X/Y 用来设置焊盘位置，Shape 下的 X/Y 用来设置焊盘尺寸。

⑤ 焊盘内孔的形状：Round（圆形）、Rect（方形）、Slot（狭槽形）。

⑥ Hole Size：焊盘孔径。

（3）确定焊盘位置，移动光标到需要放置焊盘的位置处单击即可放置焊盘。为了便于

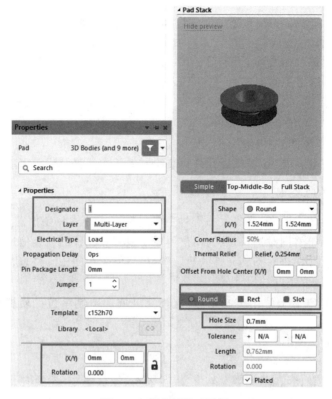

图 7-36 焊盘属性对话框

手工放置焊盘,保证焊盘与焊盘之间的距离符合规定值,可先将第一个焊盘放置在原点上,即输入 X/Y 坐标为"0mm,0mm";后续焊盘位置的确定,可根据元件封装尺寸图的引脚间距,来设置其相对于原点焊盘的位置数据。

(4) 此时仍处于放置焊盘状态,重复以上步骤可完成焊盘放置。

2. 放置线条

(1) 执行菜单栏中的"放置"→"线条"命令,或者单击工具栏中的线条图标,光标变成十字形。

(2) 移动光标到需要放置线条的位置处,单击确定线条的起点,拖动鼠标到终点,右击退出完成线条的放置。在放置线条的过程中,需要拐弯时,可单击确定需要拐弯的位置,同时按 Shift+Space 键来切换拐弯模式。

(3) 线条属性的设置:双击需要设置属性的线条(或者在线条处于放置状态时按下 Tab 键),系统将弹出相应的线条属性编辑面板,如图 7-37 所示。

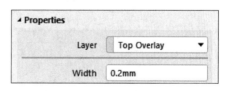

图 7-37 线条属性对话框

其中主要的选项介绍如下:

① Layer:设置线条所在的层。

② Width:设置线条的宽度。

7.5 元件封装的绘制

在进行元件封装绘制之前,要了解 Altium Designer PCB 元件库编辑界面各个层的含义,Altium Designer 常用的层有信号层(Signal Layers)、丝印层(Silkscreen Layers)、阻焊层(Top Solder 和 Bottom Solder)、锡膏层(Top Paster 和 Bottom Paster)、机械层(Mechanical Layers)、禁止布线层(Keep-Out Layer)、其他层(Other Layers)等,具体在 6.1.2 节中已介绍,这里不再赘述。

除了解各个层的含义,还需掌握元件封装绘制的基本流程及注意事项。

1. 收集必要的资料

在开始制作封装之前,需要收集的资料主要包括该元件的封装信息。这个工作往往和收集元件的原理图符号同时进行,因为用户手册一般都有元件的封装信息,当然上网查询也可以。如果用以上方法仍找不到元件的封装信息,只能先买回该元件,通过测量得到元件的尺寸(用游标卡尺量取正确的尺寸)。

注意:假如在 PCB 上使用英制单位,应注意公制和英制单位的转换(1in=1000mil=2.54cm)。

2. 放置元件的引脚焊盘

焊盘需要的信息比较多,如焊盘外形、焊盘大小、焊盘序号、焊盘内孔大小、焊盘所在的工作层等,需要注意的是焊盘外形和焊盘之间的相对位置。

3. 绘制元件的外形轮廓

在制作元件封装的过程中,外形轮廓在 PCB 的丝印层上,需根据元件的实物尺寸来绘制,轮廓不要画得太大,否则会占用过多的 PCB 的空间。

7.5.1 手工绘制封装

下面以 7.2.1 节中的四位数码管 SR420361N 为例,介绍手工绘制封装的步骤。四位数码管 SR420361N 的封装尺寸如图 7-38 所示,图中所有尺寸的单位均为毫米(mm)。

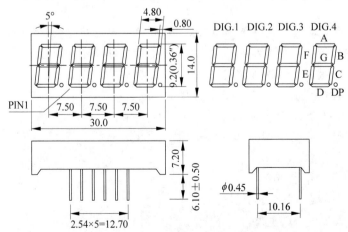

图 7-38 四位数码管封装尺寸图

1. 新建封装库文件和空白元件

(1) 单击菜单栏中的"文件"→"新的"→"库"→"PCB 元件库",进入 PCB 元件库编辑器,这时在 PCB 元件库编辑界面出现一个新的名为 PcbLib1.PcbLib 的库文件,可根据自己的需求修改 PCB 库文件的文件名,比如"IAP15 实验板.PcbLib"并保存该文件。

(2) 切换到 PCB Library 工作面板,会发现有一个名为 PCBCOMPONENT_1 的元件的空白图纸,如图 7-39 所示。

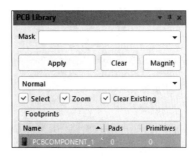

图 7-39 新建 PCB 库文件

(3) 双击 PCBCOMPONENT_1,可以更改元件的名称为 LED_SEG,如图 7-40 所示。

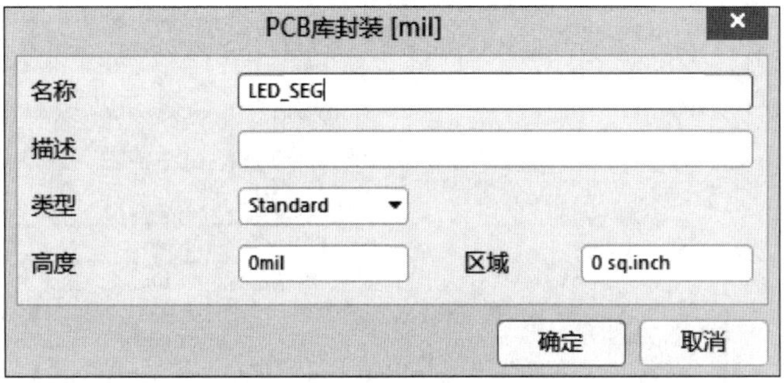

图 7-40 更改元件的名称

2. 为封装添加焊盘

(1) 执行菜单栏中的"放置"→"焊盘"命令,或单击工具栏中的焊盘图标,光标变成十字形,并带有一个焊盘图标,进行第一个焊盘的放置。放置焊盘之前,先按 Tab 键,弹出焊盘属性设置对话框。

(2) 第一个焊盘相关参数的设置如图 7-41 所示,说明如下:

① Designator:焊盘序号,设置为 1。

② Layer:焊盘所属层面,本例绘制的四位数码管是直插式元件,因而设置为 Multi-Layer(多层)。

③ 焊盘位置 X/Y 坐标:本例第一个焊盘的位置设置为(0mm,0mm),即将第一个焊盘放置在原点上。

④ Shape:焊盘外形,本例第一个焊盘设置为 Rectangular(矩形),其他可按需要设置为 Round(圆形)、Octagonal(八角形)、Rounded Rectangle(圆角矩形)。

⑤ 焊盘尺寸 X/Y:本例焊盘尺寸设置为 1.5mm/1.5mm。

⑥ 焊盘孔的形状:本例设置为 Round(圆形)。

⑦ Hole Size:焊盘孔径,本例设置为 0.65mm。

⑧ 其他选默认值。

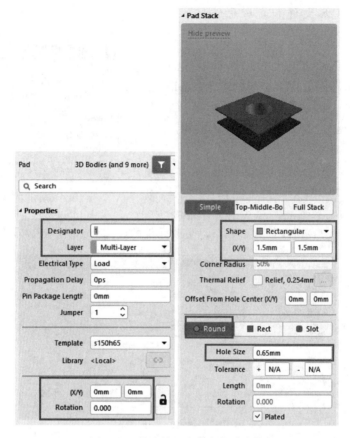

图 7-41 设置第一个焊盘相关参数

注：通常情况下，DIP 封装类型的圆柱形引脚，其焊盘孔径要稍微大于实物引脚的直径，以保证引脚能够顺利地插入孔中，焊盘孔径和焊盘直径的设计公式如下：

$$焊盘孔径 = 金属引脚直径 + 0.2\text{mm}$$
$$焊盘直径 = 2 \times 焊盘孔径 + 0.2\text{mm}$$

(3) 放置其余焊盘。其余的焊盘为圆形，从四位数码管封装尺寸图了解到，一侧焊盘中心的间距为 2.54mm，两侧焊盘中心的间距为 10.16mm，在放置时注意查看各焊盘的坐标位置，直到所有焊盘放置完成，右击或者按 Esc 键退出放置焊盘模式。

3．绘制封装轮廓

(1) 单击编辑窗口底部的 Top Overlay 标签，转换到顶层丝印层。

(2) 执行绘图命令。执行菜单栏中的"放置"→"线条"命令，线宽一般选择 0.2mm，绘制完元件的外形轮廓及内部数码管示意图，效果如图 7-42 所示。

4．编辑元件相关描述信息

双击 PCB Library 工作面板列表中相应的元件，可以修改封装名称及描述信息等，如图 7-43 所示。

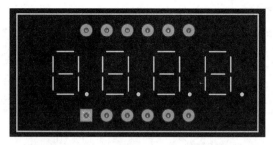

图 7-42 手工创建的四位数码管封装

图 7-43 修改元件描述信息

7.5.2 利用 IPC 封装向导制作封装

Altium Designer 的 PCB 元件库编辑器有封装向导功能,可以根据元件的数据手册,在一系列对话框中输入该元件相关的封装参数,快速、自动地创建该元件的封装。

下面分别以 7.2.2 节中的集成 IC 器件 IAP15F2K61S2 和 7.2.3 节中的运算放大器 LM324 为例,介绍利用 IPC 向导创建封装的步骤。

1. 集成 IC 器件 IAP15F2K61S2 封装的制作(LQFP44)

IAP15F2K61S2 的封装形式为 LQFP44,其封装尺寸如图 7-44 所示,图中所有尺寸的单位均为毫米(mm)。前面 7.3.4 节中介绍过芯片封装类型中的 QFP,即四方扁平封装,LQFP 是其中的一种,表示薄型。

(1) 在 PCB 元件库编辑器的编辑环境中,执行菜单栏中的"工具"→IPC Compliant Footprint Wizard,弹出 IPC 封装向导对话框,如图 7-45 所示。

(2) 单击 Next 按钮,进入元件封装模式选择界面。在列表中列出了各种封装模式,如图 7-46 所示。由于 LQFP 不在其中,可选择 PQFP 封装模式,即塑料四方扁平封装进行设计。

(3) 单击 Next 按钮,在弹出的封装外形尺寸对话框中,按图 7-44 中的 LQFP44 封装外形尺寸输入对应的参数,如图 7-47 所示,其中注意 1 脚位置的选择。

(4) LQFP44 的封装外形尺寸参数输入完成后,单击 Next 按钮,在弹出的封装引脚尺寸对话框中继续输入引脚相关参数,如图 7-48 所示。

(5) LQFP44 的封装参数输入完成后,单击 Next 按钮,会弹出一些其他的对话框,比如 Package Thermal Pad Dimensions(热风焊盘尺寸)、Package Heel Spacing(引脚跟距尺寸)等,在弹出的这些对话框中保持参数的默认值(即不用修改),一直单击 Next 按钮,直到出现封装信息描述对话框,如图 7-49 所示,编辑修改封装名称。

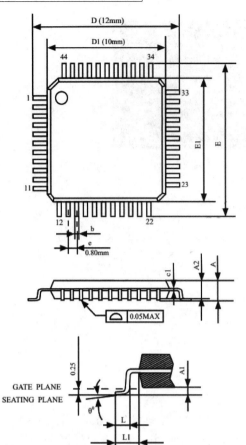

图 7-44　LQFP44 封装尺寸图

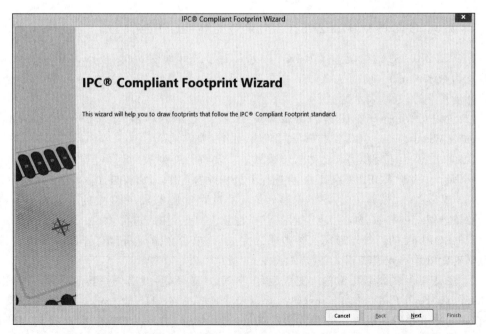

图 7-45　IPC 封装向导启动界面

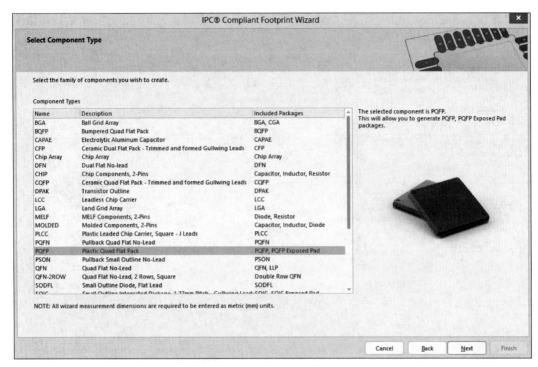

图 7-46　选择封装模式

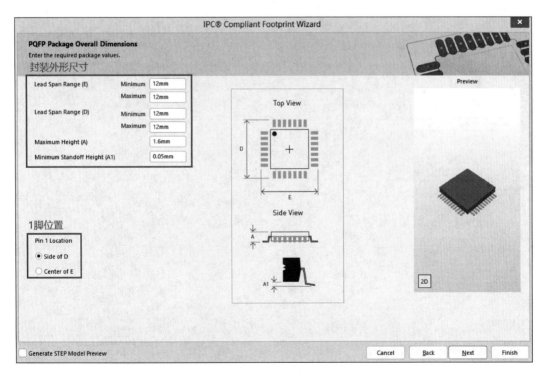

图 7-47　封装外形尺寸（PQFP Package Overall Dimensions）

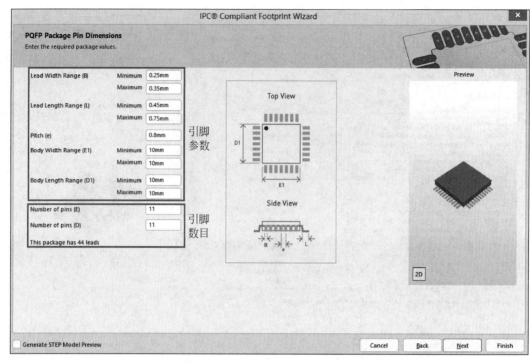

图 7-48　封装引脚尺寸（PQFP Package Pin Dimensions）

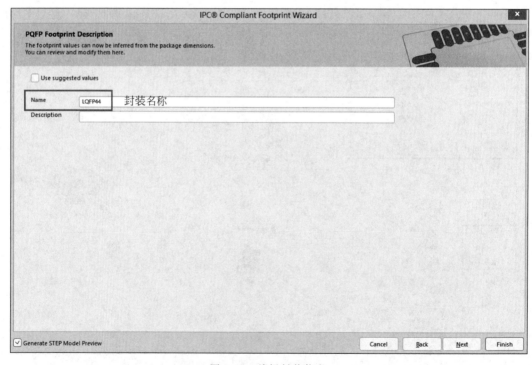

图 7-49　编辑封装信息

（6）单击 Finish 按钮，完成 LQFP44 封装的制作，效果如图 7-50 所示。

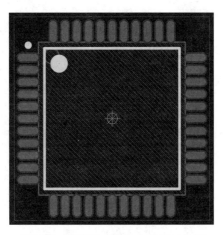

图 7-50　创建完成后的 LQFP44 封装

2．运算放大器 LM324 封装的制作（SOP14）

SOP14 封装尺寸如图 7-51 所示，图中所有尺寸的单位表示均为 mm(in)，括号内为英制单位。

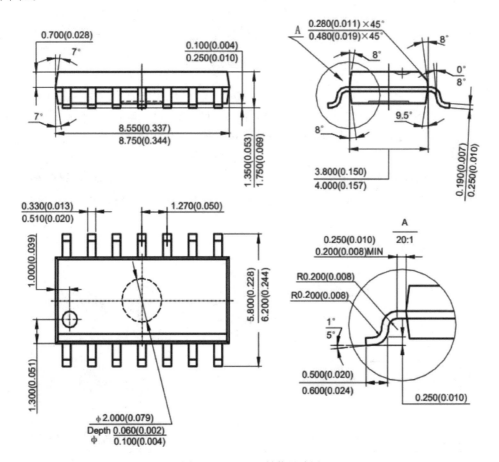

图 7-51　SOP14 封装尺寸图

(1) 在 PCB 元件库的编辑环境中,执行菜单栏中的"工具"→IPC Compliant Footprint Wizard,弹出 IPC 封装向导对话框。

(2) 单击 Next 按钮,进入元件封装模式选择界面。在列表中选择 SOP/TSOP 封装模式。

(3) 单击 Next 按钮,在弹出的封装尺寸对话框中按图 7-51 中的 SOP14 封装尺寸输入对应的参数,如图 7-52 所示。

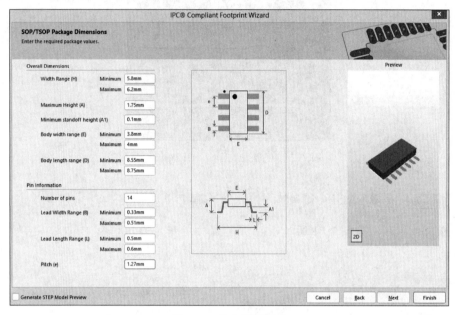

图 7-52 输入封装尺寸

(4) SOP14 的封装参数输入完成后,单击 Next 按钮,在弹出的对话框中保持参数的默认值(即不用修改),一直单击 Next 按钮,直到出现 SOP/TSOP Footprint Dimensions 对话框,在 Pad Shape(焊盘外形)选项中选择焊盘形状为长方形,如图 7-53 所示。

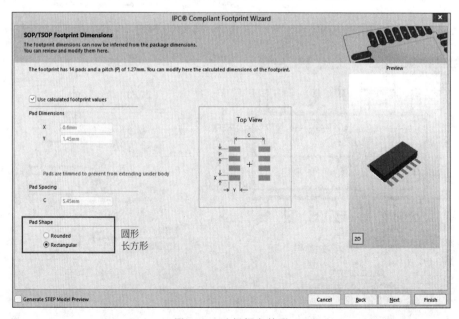

图 7-53 选择焊盘外形

(5) 焊盘外形选择完成后,单击 Next 按钮,在封装信息描述对话框中编辑修改封装名称为"SOP14"。

(6) 单击 Finish 按钮,完成该封装的制作,效果如图 7-54 所示。

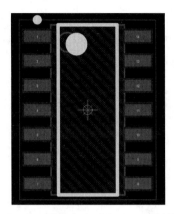

图 7-54　创建完成后的 SOP14 封装

7.6　元件原理图符号和封装的关联

元件有了原理图符号和封装后,接下来就要将两者关联起来。

1. 单个元件添加封装的方法

打开原理图库"IAP15 实验板.SchLib",切换到 SCH Library 工作面板,选择其中一个元件,比如运算放大器 LM324,在 Editor 栏中执行 Add Footprint 命令,在弹出的"PCB 模型"对话框中单击"浏览"按钮,在弹出的"浏览库"对话框中找到对应的封装库,然后添加相应的封装,即可完成元件原理图符号和封装的关联,如图 7-55 所示。

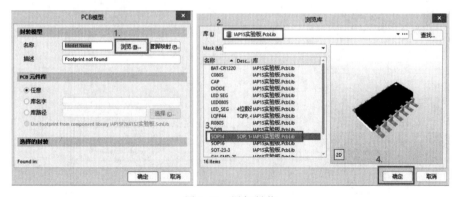

图 7-55　添加封装

2. 批量添加封装的方法

(1) 执行菜单栏中的"工具"→"符号管理器"命令。

(2) 在弹出的"模型管理器"对话框中,左侧列出了原理图库"IAP15 实验板.SchLib"中所有自行绘制原理图符号的元件，如图 7-56 所示。选择需要添加封装的元件，然后单击右边的 Add Footprint 按钮，在弹出的"PCB 模型"对话框中单击"浏览"按钮，在弹出的"浏览库"对话框中找到对应的封装库，然后添加相应的封装。

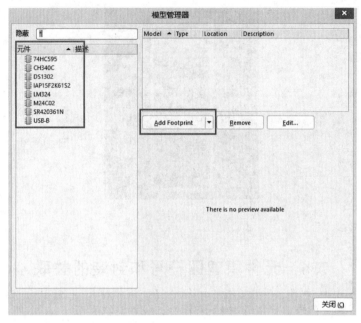

图 7-56　模型管理器对话框

（3）在这些元件中，USB 转串口芯片 CH340C 的封装没有绘制，可以直接添加 Altium Designer 软件系统安装库中自带的封装，具体操作为：在弹出的"浏览库"对话框中单击"查找"，则弹出"基于文件的库搜索"对话框，在"值"中输入封装名"SOP16"，并设置好查找路径，如图 7-57 所示，单击"查找"按钮后，系统开始查找。

图 7-57　查找软件系统安装库中自带的封装

（4）查找结束后，出现"浏览库"对话框，如图 7-58 所示。可以看到，符合搜索条件的元件被列出，选择其中一种，单击"确定"按钮，系统弹出如图 7-59 所示提示框，单击"是"按钮，则含有该封装的元件库被加载，最后添加封装后的效果如图 7-60 所示。

图 7-58　查找结果显示

图 7-59　加载元件库提示框

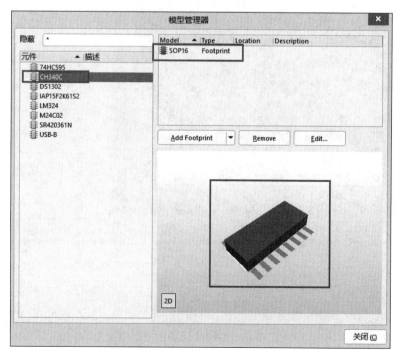

图 7-60　CH340C 添加封装后的效果

7.7 封装管理器的使用

当电路原理图中含有大量同种元件(比如电阻)时,若逐个设置元件封装,费时费力,且容易遗漏。Altium Designer 提供了封装管理器命令来对属性相似的元件进行整体操作,下面以整体将电路原理图中电阻的封装添加为贴片 R0805 为例,介绍封装管理器的使用操作步骤。

(1) 在原理图编辑界面单击菜单栏中的"工具"→"封装管理器",弹出封装管理器对话框,如图 7-61 所示,封装管理器"元件列表"中的 Current Footprint 一栏展示的是元件当前的封装,若元件没有封装,则该栏为空,可以单击右侧的"添加"按钮添加新的封装。封装管理器不仅可以对单个元件添加封装,还可以同时对多个元件进行封装的添加、删除、修改等操作。

(2) 将要添加封装的电阻全部选中,单击右侧"添加"按钮,在弹出的"PCB 模型"对话框中单击"浏览"按钮,选择对应的封装库并选中需要添加的封装,或者直接查找后添加,单击"确定"完成封装的添加,可参考前面 7.6 节的介绍。

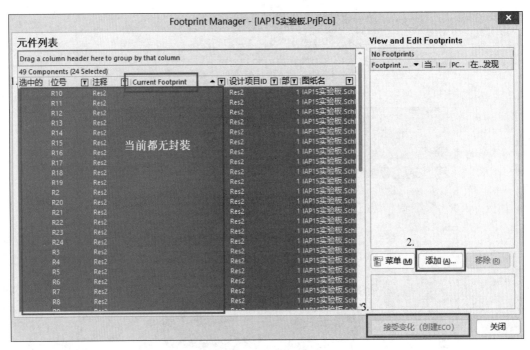

图 7-61 封装管理器

(3) 添加完封装后,单击"接受变化(创建 ECO)"按钮。在弹出的"工程变更指令"对话框中,如图 7-62 所示,单击"验证变更",待"检测"栏都打上"√"后,再单击"执行变更",待"完成"栏都打上"√",单击"关闭"按钮,则完成封装的更改工作。

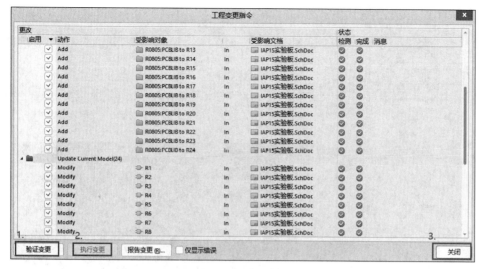

图 7-62　"工程变更指令"对话框

本章实践任务

1. 在"IAP15 实验板.SchLib"原理图库编辑环境中,绘制图 7-63 中的元件原理图符号,具体包括:USB-B 母座、8 位 CMOS 移位寄存器 74HC595、E2PROM 存储芯片 M24C02、时钟芯片 DS1302。

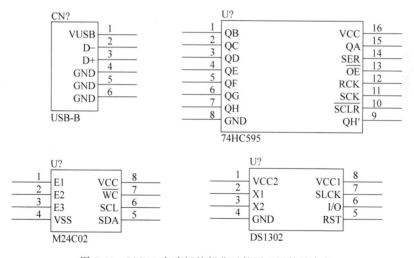

图 7-63　IAP15 实验板的部分元件原理图符号参考

2. 在"IAP15 实验板.PcbLib"PCB 元件库的编辑环境中,绘制图 7-63 中各元件的封装。操作提示如下:

(1) USB-B 母座的封装尺寸及封装参考如图 7-64 所示,图中单位均为毫米(mm)。

(2) 8 位 CMOS 移位寄存器 74HC595 采用 SOP16 封装,封装尺寸如图 7-65 所示,可利用 IPC 封装向导来绘制。

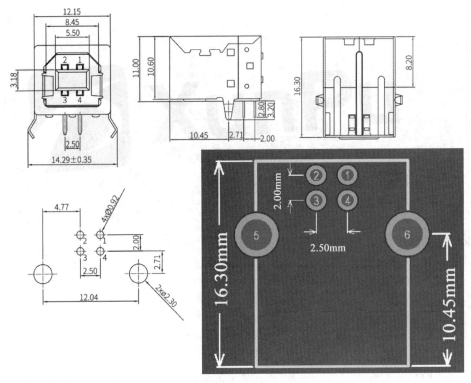
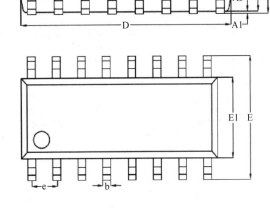

图 7-64　USB-B 母座的封装尺寸及封装参考

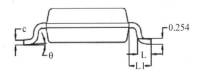

SYMBOL	MILLIMETER		
	MIN	NOM	MAX
A	—	1.61	1.66
A1	—	0.10	0.25
A2	1.47	1.52	1.57
A3	0.61	0.66	0.71
b	0.35	0.40	0.45
c	0.17	0.22	0.25
D	9.80	9.90	1.00
E	5.90	6.00	6.10
E1	3.80	3.90	4.00
e	1.27BSC		
L	0.60	0.65	0.70
L1	1.05BSC		
θ	0°	4°	6°

图 7-65　SOP16 封装尺寸图

（3）E2PROM 存储芯片 M24C02、时钟芯片 DS1302 可以采用相同的封装形式 SOP8，封装尺寸如图 7-66 所示，可利用 IPC 封装向导来绘制。

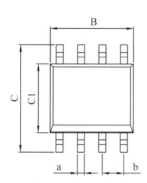 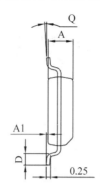

Dimensions In Millimeters					
Symbol	Min	Max	Symbol	Min	Max
A	1.225	1.570	D	0.400	0.950
A1	0.100	0.250	Q	0°	8°
B	4.800	5.100	a	0.420 TYP	
C	5.800	6.250	b	1.270 TYP	
C1	3.800	4.000			

图 7-66　SOP8 封装尺寸图

第 8 章 原理图设计

【本章导学】

在电路设计与制作过程中,电路原理图设计是整个电路设计的基础。如何利用 Altium Designer,使电路原理图符合需求和规范,就是本章要完成的任务。通过本章的学习,读者将掌握关于原理图绘制过程中的基本操作,为后续进行 PCB 设计打下基础。

【学习目标】

(1) 理解并掌握原理图设计的一般流程;
(2) 掌握原理图的图纸规范化设置;
(3) 掌握元件库的加载和删除、元件的查找和放置;
(4) 掌握元件属性的编辑;
(5) 掌握电气连接及其放置方法;
(6) 理解电气规则检查的含义和方法,掌握排除原理图错误的方法;
(7) 掌握原理图网络报表的生成。

8.1 原理图设计基础

电路原理图是电子产品设计的灵魂所在,它的正确与否直接影响设计的成败。在进行原理图设计时,首先要掌握原理图设计的基本流程,并掌握原理图规范化设置相关内容。

8.1.1 原理图设计流程

原理图的设计流程如图 8-1 所示,主要包括如下几个步骤。

1. 创建工程

在进行原理图设计时,一般先建立工程,在工程下再建立所要设计的原理图文件、PCB 文件等不同类型的文件。

2. 新建原理图文件

原理图的设计要在原理图的编辑环境下进行,在进行原理图设计之前必须新建或打开原理图文件。

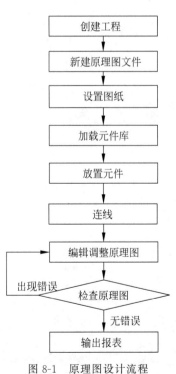

图 8-1 原理图设计流程

3. 设置图纸

原理图文件创建以后，需要对原理图图纸的大小、采用的单位、网格的大小等参数进行设置，以便更好地绘制原理图。

4. 加载元件库

将原理图绘制过程中所需要的元件库添加到工程中。

5. 放置元件

根据原理图的设计需要，从加载的元件库中选择需要的元件，放到原理图中。

6. 连线

根据原理图设计的电气关系，用带有电气属性的导线、网络标号等将各个元件连接起来。

7. 编辑调整原理图

设计过程中需要对原理图进行反复调整、修改，以达到设计目标。

8. 检查原理图

原理图设计完成后要对其进行电气规则检查，这是原理图设计的重要步骤。

9. 输出报表

经电气规则检查后，没有问题的原理图，利用原理图编辑器提供的各种报表功能，输出各种报表，如网络表，为下一步设计做准备。

8.1.2 原理图规范化设置

在进行原理图绘制之前，根据所设计工程的复杂程度，首先应对原理图的图纸进行规范化设置。虽然在进入电路原理图编辑环境时，系统会自动给出默认的图纸相关参数，但是在大多数情况下这些默认的参数不一定符合用户要求，尤其是图纸尺寸的大小，设计者应根据自己的实际需求对相关参数重新设置。

1. 设置图纸大小

Altium Designer 原理图图纸默认为 A4，用户可以根据设计需要将图纸设置为其他尺寸。具体方法：在原理图图纸的框外空白区域处双击，弹出如图 8-2 所示的对话框，在 Page Options 选项中的 Sheet Size 下拉列表中选择需要的图纸大小。

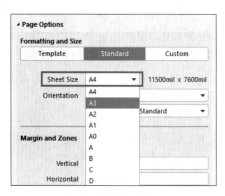

图 8-2 设置图纸大小

2. 设置网格大小和栅格尺寸

进入原理图编辑环境后，编辑窗口的背景是网格型的，这种网格就是可视网格，是可以改变的。网格为元件的放置和线路的连接带来了极大的方便，使用户可以轻松地排列元件、整齐地走线。

Altium Designer 中有捕捉栅格（Snap Grid）、可视栅格（Visible Grid）和电气栅格（Electrical Grid）3 种栅格。

单击菜单栏中的"视图"→"栅格"，可以对图纸的栅格进行设置；或者在原理图图纸的框外空白区域处双击，在弹出的对话框的 General 选项中也可以进行图纸栅格的设置，如图 8-3 所示。

图 8-3 设置图纸栅格

（1）捕捉栅格（Snap Grid）：就是光标每次移动的距离大小。

（2）可视栅格（Visible Grid）：即在图纸上可以看到的网格距离大小。

（3）电气栅格（Electrical Grid）：用来引导布线，当进行画线操作或对元件进行电气连接时，此功能可以非常轻松地捕捉到起始点或元件引脚。

3. 设置 Title Block（标题块）

Altium Designer 软件自带比较丰富的原理图模板，但是很多工程师追求个性化的原理图文档风格，同时由于每个公司或者项目有各自的 logo，也有审核、校对、项目名称及编号之类的，因此建立一个符合自己的设计习惯的模板图纸可以使审核、存档更加方便、规范。

设置 Title Block 步骤如下：

（1）新建原理图后，取消文档系统自带的原理图标题块。

在原理图图纸的框外空白区域处双击，弹出如图 8-4 所示的对话框，在 Page Options 选项中的 Custom 选项卡中将"Title Block"选项取消勾选，这时原理图中系统默认的标题块消失。

（2）自行绘制文档标题块。

单击菜单栏中的"放置"→"绘图工具"→"线"，用直线绘制工具绘制一个文档标题块。

（3）设计标题块中栏目的定义。

单击菜单栏中的"放置"→"文本字符串"，进入放置字符串功能状态，这时按下 Tab 键进

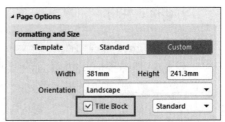

图 8-4 取消勾选 Title Block 对话框

入 Text String 属性设置对话框,在 Text 栏内输入要定义的栏目名称,并可设置字体以及字体大小。

（4）添加公司标志。

在标题栏中除了可以放置基本的文字信息外,还可以放置公司或者单位的图标信息。单击菜单栏中的"放置"→"绘图工具"→"图像",在合适的位置放置,打开选择文件对话框,选择图片文件,调整合适的大小,即可插入图片信息,设置好的 Title Block 如图 8-5 所示。

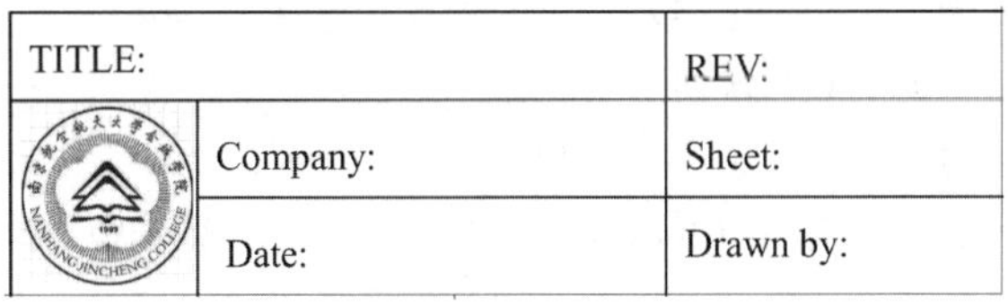

TITLE:		REV:
	Company:	Sheet:
	Date:	Drawn by:

图 8-5 设置 Title Block

8.2 元件的放置

电路原理图就是各种元件的连接图,绘制一张电路原理图首先要完成的工作就是把所需要的各种元件放置在设置好的图纸上。

8.2.1 元件库的分类

Altium Designer 中,元件数量庞大、种类繁多,一般是按照生产商及其类别功能的不同将其分别存放在不同的文件内,这些专用于存放元件的文件就称为库文件。

Altium Designer 元件库采用两级分类方法,如图 8-6 所示。

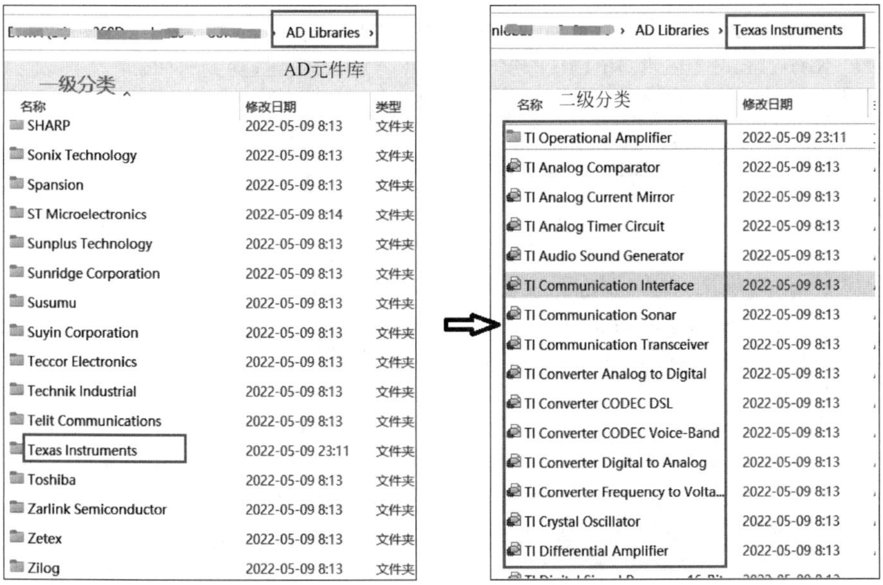

图 8-6 AD 元件库分类

(1) 一级分类是以元件制造厂家的名称分类;

(2) 二级分类是在厂家分类的基础上又以元件种类(如模拟电路、逻辑电路、微控制器、A/D 转换芯片等)进行分类。

Altium Designer 系统已经默认加载了两个集成元件库,即通用元件库(Miscellaneous Devices.IntLib)和通用接插件库(Miscellaneous Connectors.IntLib),包含了常用的各种元件和接插件,如电阻、电容、单排接头、双排接头等。在设计过程中,如果还需要其他的元件库,用户可随时进行选择、加载,同时卸载不需要的元件库,以减少 PC 的内存开销。

加载和卸载元件库的具体步骤如下:

(1) 将光标箭头放置在工作窗口右下角的 Panels 标签上,从中选择 Components,在弹出的对话框中,在面板右上角单击 Operations 按钮,在下拉菜单中选择 File-based Libraries Preferences,系统将弹出如图 8-7 所示的"可用的基于文件的库"对话框。

图 8-7 "可用的基于文件的库"对话框

(2) 在"已安装"选项卡中,单击右下角的"安装"按钮,系统将弹出如图 8-8 所示的打开对话框。假设在该对话框中选择 Dallas Semiconductor 库文件夹,然后选择 Dallas Peripheral Real Time Clock.IntLib 库文件,单击"打开"按钮,所选中的库文件就会出现在"可用的基于文件的库"对话框中,即完成库文件的加载,如图 8-9 所示。

图 8-8 打开对话框

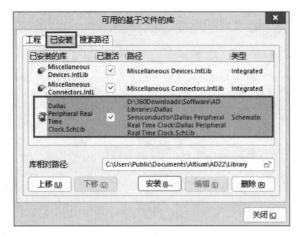

图 8-9　添加库文件后的对话框

(3) 在"已安装"选项卡中选择需要卸载的库文件,单击右下角的"删除"按钮,即可完成卸载元件库的操作,如图 8-10 所示。

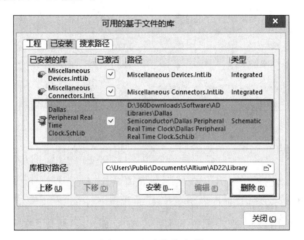

图 8-10　删除库文件

8.2.2　查找并放置元件

在电路原理图中放置元件,首先需将该项目需要的原理图库加载完毕。下面以放置四位数码管 SR420361N 为例,介绍放置元件的具体步骤。

(1) 在原理图编辑环境下,在 Components 面板中选择"IAP15 实验板.SchLib"原理图库文件,此时该库中所有元件将在列表显示出来,如图 8-11 所示。

(2) 选择需要的四位数码管 SR420361N,单击 Place,此时光标变为十字形,同时光标上面悬浮着该元件的轮廓,在原理图合适的位置单击鼠标左键,即可完成放置操作。

元件完成放置后,可对其进行如下操作。

(1) 元件的选择:单击某个元件,即可将其选中。选中元件后,可以对其执行清除、剪切、拷贝等操作。如果需要选择多个对象,则需按住键盘上的 Shift 键,然后依次单击要选

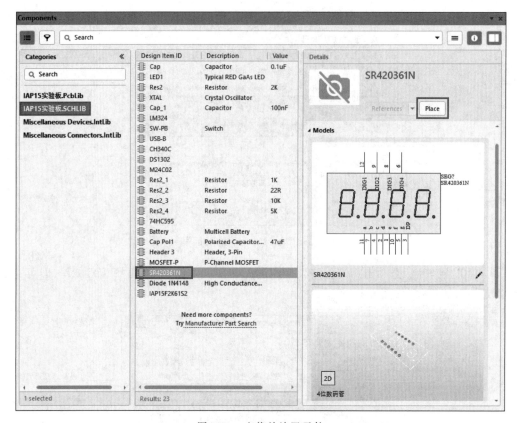

图 8-11　查找并放置元件

择的对象即可。如果要取消选择,只需要在图中空白处单击鼠标即可。

(2) 元件的对齐:先按住 Shift 键,然后依次单击选中多个对象。选中后,执行菜单"编辑"→"对齐",根据需要选择一种对齐方式。

(3) 元件的旋转:用鼠标单击元件,待到光标变成十字形后,在元件处于浮动状态下,按 Y 键,将该元件上下翻转;按 X 键,可以实现左右翻转;按 Space 键,每按一次,被选中的元件逆时针旋转 90°。

(4) 元件的移动:如果需要移动对象,只需要在选择对象后,按住鼠标左键拖动即可。用户可以根据自己的需要适当地移动对象来调整元件布局。元件的移动也可以通过菜单"编辑"→"移动"的各个子菜单命令来执行,读者可以通过具体操作来理解各项的含义。

8.2.3　元件属性的编辑

在元件的放置过程中,元件处于浮动状态下,按 Tab 键或者双击需要编辑属性的元件,可以进行元件属性的编辑,如图 8-12 所示。下面以电阻为例介绍元件属性的编辑。

(1) Designator:用于设置被放置元件在原理图中的编号(序号),在 Designator 文本框中输入元件的标号,如 U1、R1、C1 等。文本框右边的 ◉ 图标用来设置元件编号在原理图上是否可见。🔒 图标用来设置元件的锁定与解锁。

(2) Comment:用于设置被放置元件的名称。

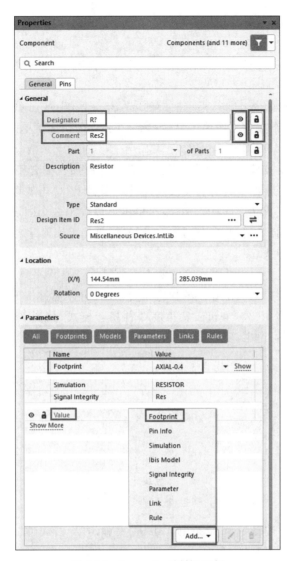

图 8-12 Properties(属性)面板

(3) Value：用于设置元件标称值，比如电阻的阻值、电容的容量等。
(4) Footprint：用于给元件添加或修改封装。

8.3 电气连接的放置

在电路原理图的图纸上放置好电路设计所需的各种元件，并对它们的属性进行相应的设置之后，根据电路设计的具体要求，就可以将各个元件连接起来，建立并实现电路的实际连通性。这里所说的连接，指的是具有电气意义的连接，即电气连接。

电气连接有两种实现方式：一种是物理连接，即直接使用导线将各个元件引脚连接起来；另一种是逻辑连接，即不需要实际的连线操作，而是通过设置网络标签使元件引脚之间具有电气连接关系。

8.3.1 导线的放置

导线的作用就是在电路原理图中各元件引脚之间直接建立连接关系。导线放置的操作步骤如下：

（1）启动绘制导线命令。执行菜单栏中的"放置"→"线"，或者单击布线工具栏中的 ≈ 图标，或者在原理图图纸空白区域单击鼠标右键，在弹出的快捷菜单中执行"放置"→"线"命令，或者按快捷键 P+W 或者 Ctrl+W。

（2）进入绘制导线状态后，此时光标变成十字形并附加一个交叉符号。

（3）将光标移动到想要完成电气连接的元件的引脚上，单击放置导线的起点。出现红色的符号表示电气连接成功。移动光标，多次单击可以确定多个固定点。最后放置导线的终点，完成两个元件引脚之间的电气连接。此时光标仍处于放置导线的状态，重复上述操作可以继续放置其他的导线。

（4）导线的拐弯模式。如果要连接的两个引脚不在同一水平线或同一垂直线上，则在放置导线的过程中需要单击确定导线的拐弯位置，并且可以通过按 Shift+Space 键来切换导线的拐弯模式。有直角、45°角和任意角度 3 种拐弯模式，如图 8-13 所示。导线放置完毕，右击或按 Esc 键即可退出该操作。

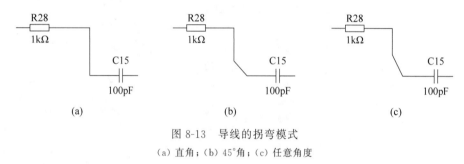

图 8-13　导线的拐弯模式
(a) 直角；(b) 45°角；(c) 任意角度

（5）在绘制导线的过程中，如果按下 Tab 键，将弹出"导线属性"对话框，用户可以在对话框中设置导线的颜色和宽度。

8.3.2 网络标签的放置

在电路原理图的绘制过程中，元件引脚之间的电气连接除了使用导线外，还可以通过设置网络标签的方法来实现。

网络标签具有实际的电气连接意义，具有相同网络标签的导线或元件引脚无论在图上是否连接在一起，其电气关系都是连接在一起的。特别是在连接的线路比较远，或者线路过于复杂而使走线困难时，使用网络标签代替实际走线可以大大简化原理图，但要注意太多的网络标签也会使电路原理图的可读性下降。网络标签放置的操作步骤如下：

（1）单击菜单栏中的"放置"→"网络标签"，或者单击布线工具栏中的图标 Net，或者在原理图图纸空白区域单击鼠标右键，在弹出的快捷菜单中执行"放置"→"网络标签"命令，或者按快捷键 P+N，此时光标变成十字形，并带有一个初始标号"Net Label1"。

（2）移动光标到需要放置网络标签的导线上，当出现红色交叉标志时，单击即可完成放置。此时光标仍处于放置网络标签的状态,重复操作即可放置其他的网络标签。右击或者按 Esc 键即可退出操作。

（3）设置网络标签的属性。在放置网络标签的过程中,用户可以对其属性进行设置。双击网络标签或者在光标处于放置网络标签的状态时按 Tab 键,弹出如图 8-14 所示的网络标签属性对话框,在该对话框中可以对网络标签的颜色、旋转角度、名称及字体等属性进行设置。一般情况下,网络标签的位置可以通过在放置时按 Space 键来调整。

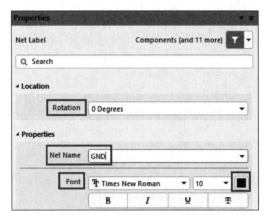

图 8-14　网络标签属性对话框

8.3.3　电源和接地符号的放置

电源和接地符号是电路原理图中必不可少的组成部分。放置电源和接地符号的操作步骤如下：

（1）单击菜单栏中的"放置"→"电源端口",或单击布线工具栏中的图标 ↓（接地符号）,或按快捷键 P+O,此时光标变成十字形,并带有一个接地符号。

（2）移动光标到需要放置电源或接地符号的地方,单击即可完成放置。

（3）设置电源和接地符号的属性。在放置电源和接地符号的过程中,用户可以对电源和接地符号的属性进行设置。双击电源、接地符号,或在光标处于放置电源、接地符号的状态时按 Tab 键,弹出如图 8-15 所示的电源和接地符号属性对话框,在该对话框中可以对电源和接地符号的颜色、风格、位置、旋转角度及所在网格等属性进行设置。

8.3.4　忽略 ERC 测试点的放置

在电路设计过程中,由于设计需要,一些元件的个别输入引脚有可能被悬空,但系统在默认情况下所有输入引脚必须进行连接,因而在电气规则检查（ERC）时,系统会认为悬空的输入引脚使用错误,会在引脚处放置一个错误标记。

为了避免用户为检查这种错误而浪费时间,可以使用忽略 ERC 测试符号,让系统忽略对此处的 ERC 测试,不再产生错误报告。放置忽略 ERC 测试点的操作步骤如下。

（1）单击菜单栏中的"放置"→"指示"→"通用 No ERC 标号",或单击"连线"工具栏中的图标 ✕,或按快捷键 P+V+N,此时光标变成十字形,并带有一个红色的交叉符号。

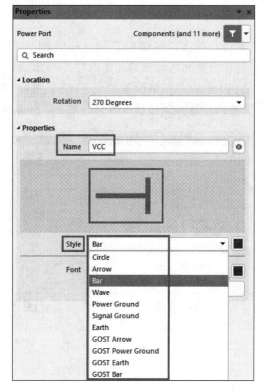

图 8-15　电源和接地符号属性对话框

（2）移动光标到需要放置忽略 ERC 测试点的位置处，单击即可完成放置。

8.4　非电气对象的放置

电路原理图都是由若干个模块组成的，在绘制电路原理图时，建议分模块绘制，各模块之间的电气连接关系由网络标签建立。这样绘图的好处是：①电路原理图更清晰，可读性更强；②检查电路时可以按模块进行检查，提高原理图设计的可靠性。为了更好地区分各个电路模块，可将独立的模块用线框隔离开，同时给每个模块加上相应的模块名称。

这时就需要用到原理图编辑环境中的"实用"工具栏。需要注意的是，该工具栏中的各种图元均不具有电气连接特性，所以系统在进行 ERC 检查及转换成网络表时，它们不会产生任何影响，也不会被添加到网络表数据中。

单击 按钮，"实用"工具栏的各种绘图工具即出现在下拉框中。下面介绍常用的绘制直线和放置文本的操作。

单击 按钮，在电路模块外周绘制线框，具体方法类似于绘制导线，这里不再赘述。在绘制过程中，按 Tab 键，可进行线框属性设置，如图 8-16 所示。

单击 按钮，然后按 Tab 键，在弹出的文本框中输入电路模块名称"USB 转 TTL 串口"，如图 8-17 所示。

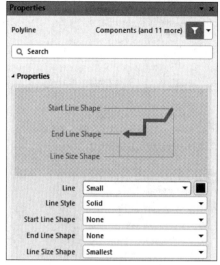

图 8-16 设置线框属性

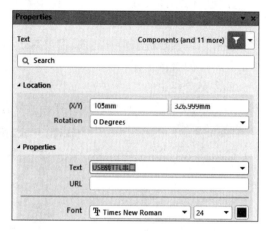

图 8-17 设置文本属性

按如上介绍的方法,IAP15 实验板电路的"USB 转 TTL 串口"模块电路绘制完成,如图 8-18 所示。

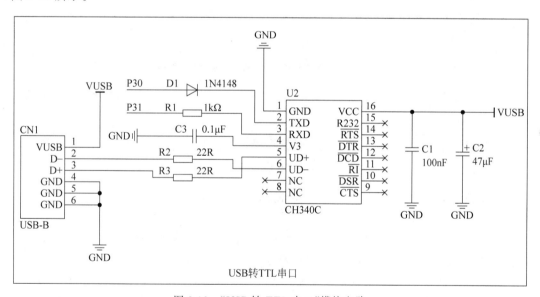

图 8-18 "USB 转 TTL 串口"模块电路

8.5 原理图的编译及查错

电路原理图不是简单电路的拼凑连接,而是具有实际意义的电子元件之间按照一定规则来组织连接的。因此,设计者需要在完成原理图的绘制后对其进行检查,以便查出人为的错误。Altium Designer 提供了原理图的编译功能,能够根据用户的设置对整个工程进行检查,又称为电气规则检查(ERC)。

ERC 可以按照用户设计的规则进行，在执行检查后自动生成各种可能存在错误的报表，并且在原理图中以特殊的符号标明，以示提醒。用户可以根据提示进行修改。

原理图的编译及查错的具体操作步骤如下。

(1) 电气规则检查的设置

在对工程项目进行检查之前，需要对工程选项进行一些设置，从而确定检查中编译工具对工程所做的具体工作。

单击菜单栏中的"工程"→"工程选项"，系统将弹出如图 8-19 所示的 Options for PCB Project…PCB 工程选项对话框，所有与项目有关的选项都可以在该对话框中进行设置。

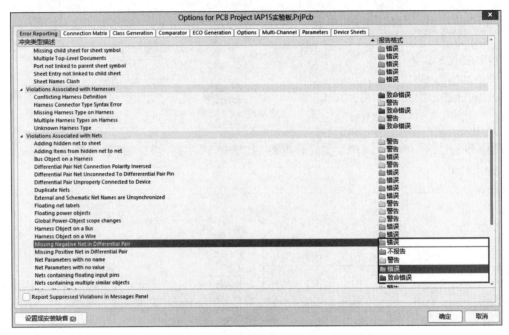

图 8-19　PCB 工程选项对话框（Error Reporting 标签）

常用的是 Error Reporting 和 Connection Matrix 两个选项卡。

① Error Reporting

在该选项卡中，用户可以设置所有可能出现的错误报告类型。错误报告类型可以分为四种：错误（Error）、警告（Warning）、严重警告（Fatal Error）、不报告（No Report）。

需注意的是，用户不要随意更改系统默认检查项错误报告类型，只有明确哪些检测项对原理图功能以及后期生产无影响，才可以选择"不报告"，一般来说，错误报告类型采用默认设置。

② Connection Matrix

如图 8-20 所示，该选项卡也是用来设置错误的报告类型的。

举个例子，假如用户希望在进行电气规则检查时，对于元件无源引脚未连接的情况系统不产生报告信息，则可以在图 8-20 所示矩阵的列中找到 passive pin（无源引脚），然后在矩阵的行中找到 unconnected（未连接），持续单击行与列相交处的小方块颜色，直到其变为绿色（不报告），就可以改变电气连接检查后的报告类型。

小方块有 4 种颜色：绿色代表不报告，黄色代表警告，橙色代表错误，红色代表严重错

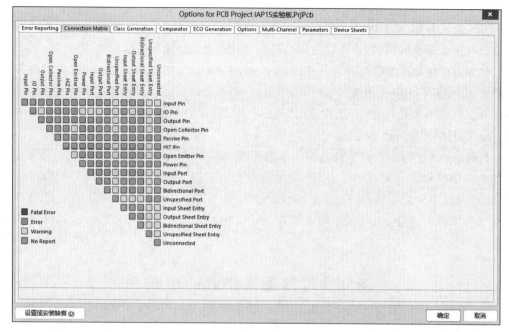

图 8-20　PCB 工程选项对话框（Connection Matrix 标签）

误。在实际使用过程中，用户一般采用的是系统提供的默认设置，也可根据情况适当调整。

（2）执行原理图编译命令

对原理图的各种电气错误等级设置完毕后，执行菜单栏中的"工程"→"Validate PCB Project IAP15 实验板"，即可进行"IAP15 实验板"电路原理图的编译。

系统会弹出如图 8-21 所示的 Message 提示框，提示项目中存在的问题。如果没有自动弹出 Message 提示框，则单击位于屏幕右下角的 Panels 标签，在弹出的选项中选择 Messages 选项，可以打开 Messages 对话框。

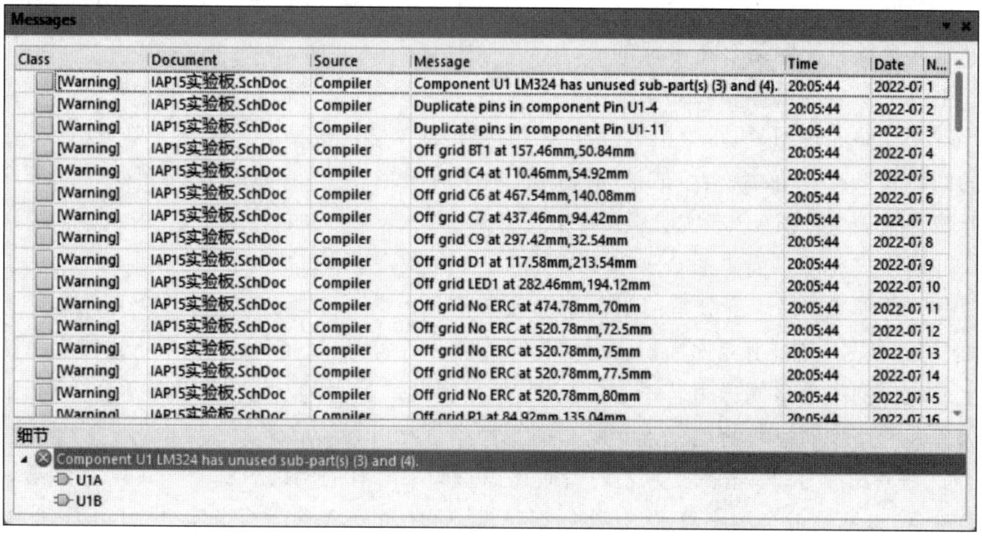

图 8-21　编译后的消息提示对话框

(3) 修正原理图

在实际工作和学习中,用户编译原理图后的问题可能很多,Altium Designer 给出的编译信息并不都是准确的,用户可以根据自己的设计思想和原理判断错误信息。

比如:有种常见的错误报告"…has no driving source",指出某元件引脚没有驱动来源。一般来说,如果不需要做仿真,只是绘制原理图,元件是否有驱动来源并不影响,所以可以忽略不计。修正方法是在"PCB 工程选项"对话框中,将这种类型的错误"net with no driving source"后的报告类型设置为"不报告"。

另外,电气规则检查并不能检查出原理图功能结构方面的错误,也就是说,假如你设计的电路图原理方面实现不了,ERC 是无法检查出来的。ERC 能够检查出一些人为的疏忽,比如元件引脚忘记连接了,或是网络标签重复了等。当然,用户在设计时,假如某个元件确实不需要连接,则可以忽略该检查。可以在忽略检查的地方放置一个忽略 ERC 检查点。

8.6 原理图网络表的生成

Altium Designer 具有丰富的报表功能,可以方便地生成各种不同类型的报表。当电路原理图设计完成并且经过编译与检查无问题之后,应该充分利用系统提供的报表功能来创建各种原理图的报表文件。借助这些报表,用户能够从不同的角度更好地掌握整个项目的设计信息,以便为下一步的设计工作做好充足的准备。

在由原理图生成的各类报表中,网络表是最为重要的。其是对电路原理图的一个完整描述,描述的内容包括两个方面:一是电路原理图中所有元件的信息(包括元件标识、元件引脚和 PCB 封装形式等);二是网络的连接信息(包括网络名称、网络节点等),这些都是进行 PCB 布线、设计 PCB 不可缺少的依据。

具体来说,网络表包括两种:一种是基于单个原理图文件的网络表;另一种是基于整个工程的网络表。对于工程中只有一个原理图文件的情况,基于单个原理图文件的网络表和基于整个项目的网络表是一样的。

生成网络表的具体步骤如下。

打开电路原理图,执行菜单"设计"→"工程的网络表"→Protel,或者菜单"设计"→"文件的网络表"→Protel,就会生成该原理图所对应的网络表文件,如图 8-22 所示。双击即可打开该网络表文件"IAP15 实验板.NET"。

该网络表是一个简单的 ASCII 码文本文件,由多行文本组成,内容分成了两大部分:一部分是元件信息;另一部分是网络信息。元件信息由若干小段组成,每一个元件信息为一小段,用方括号分隔,由元件标识、元件封装形式、元件符号、数值等组成,空行则是由系统自动生成的。网络信息同样由若干小段组成,每一个网络信息为一小段,用圆括号分隔,由网络名称和网络中所有具有电气连接关系的元件序号及引脚组成。

如图 8-23 所示,单击 Nets 后,可看到该原理图中所有的网络名称。当单击具体某一网络名称后,该网络就会高亮显示,其他的都灰显。选择显示 GND 网络信息,可以看到 GND 网络上包含的元件详细信息。

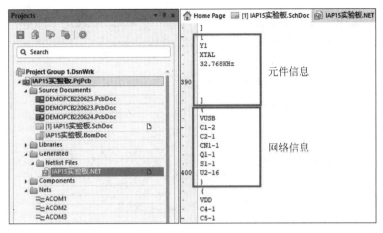

图 8-22 网络表文件

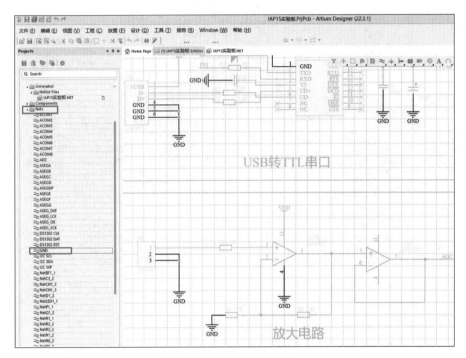

图 8-23 某网络详细信息

本章实践任务

1. 在"IAP15 实验板.SchDoc"原理图编辑环境中,绘制实验板上除 8.4 节中图 8-18 所示的"USB 转 TTL 串口"电路以外的其他功能模块电路,具体包括电源模块电路(如图 8-24 所示)、微控制器电路(如图 8-25 所示)、存储模块电路(如图 8-26 所示)、放大模块电路(如图 8-27 所示)、时钟模块电路(如图 8-28 所示)、显示驱动模块电路(如图 8-29 所示)和显示电路(如图 8-30 所示)。

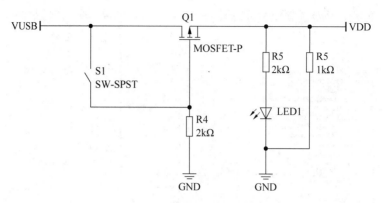

图 8-24 电源模块电路

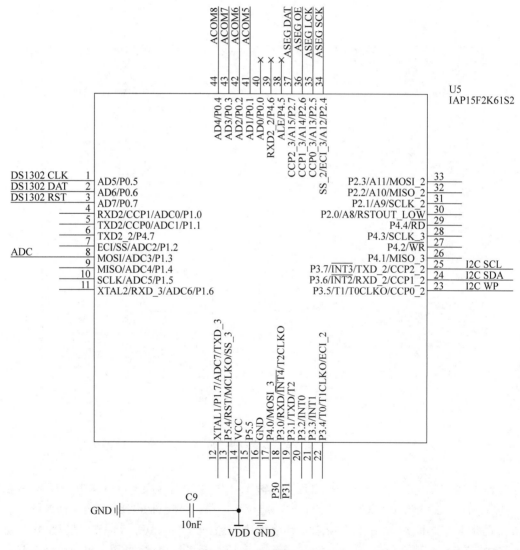

图 8-25 微控制器电路

第 8 章 原理图设计

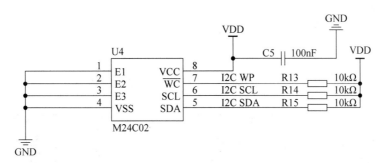

图 8-26 存储模块电路

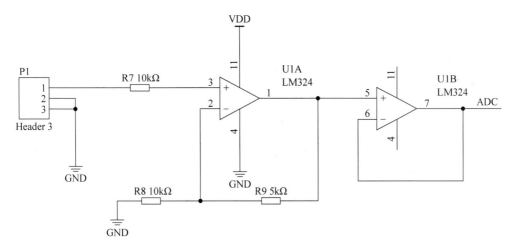

图 8-27 放大模块电路

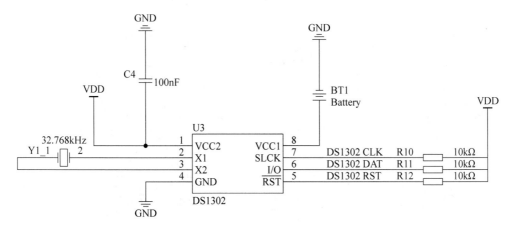

图 8-28 时钟模块电路

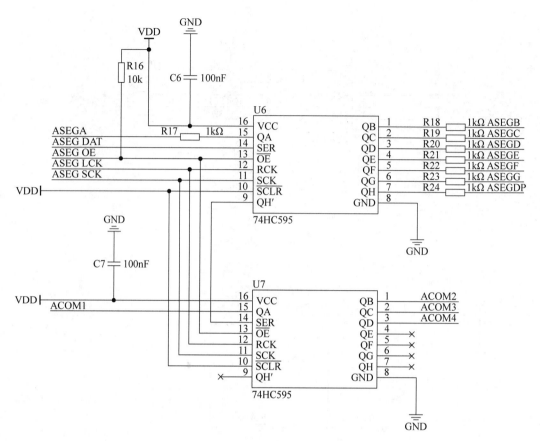

图 8-29 显示驱动模块电路

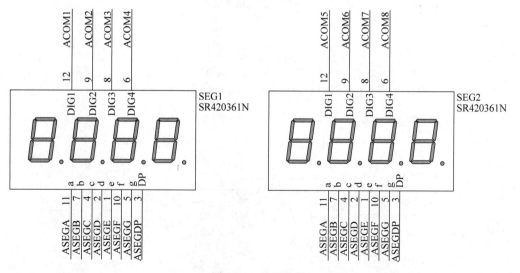

图 8-30 显示电路

2. 在完成任务1各功能模块电路的基础上,为IAP15实验板电路原理图中的所有元件添加相应的封装,具体参考表8-1。完成绘制后,对原理图进行编译与查错,生成网络表文件。

表8-1 IAP15实验板的元件属性清单

编 号	元 件 名 称	规 格	封 装	数 量
BT1	纽扣电池	3.0V Battery	BAT-CR1220	1
C1、C3、C4、C5、C6、C7、C9	Cap	100nF、0.1μF	C0805	7
C2	Cap Pol1	47μF	CAP	1
CN1	USB 连接器	USB-B	USB-B	1
D1	二极管	1N4148	DIODE	1
LED1	LED	LED	LED0805	1
P1	排针	Header 3	HDR1X3	1
Q1	场效应管	MOSFET-P	SOT-23-3	1
R1～R24	贴片电阻	1kΩ、2kΩ、5kΩ、10kΩ、22kΩ	R0805	24
S1	轻触开关	SW-PB	SW_SMD_2P	1
SEG1、SEG2	四位数码管	SR420361N	LED_SEG	2
U1	集成芯片	LM324	SOP14	1
U2	集成芯片	CH340C	SOP16	1
U3	集成芯片	DS1302	SOP8	1
U4	集成芯片	M24C02	SOP8	1
U5	集成芯片	IAP15F2K61S2	LQFP44	1
U6、U7	集成芯片	74HC595	SOP16	2
Y1	晶振	32.768kHz	XTAL	1

第 9 章 PCB 设计

【本章导学】

PCB 设计是将电路原理图变成印制电路板的必要操作,是电路设计过程中关键的一步。如何利用 Altium Designer 软件将原理图设计转入 PCB 设计,是本章主要讲解的内容。通过本章的学习,读者可以完成 IAP15 实验板的 PCB 的布局、布线、生产文件导出等操作,为印制电路板的实际制作做好准备。

【学习目标】

(1) 了解 PCB 的设计流程,并熟悉 Altium Designer 软件的 PCB 设计环境;
(2) 掌握将原理图导入 PCB 文件的方法;
(3) 掌握元件布局的基本原则,并能熟练地进行 PCB 手工布局操作;
(4) 掌握 PCB 设计常用规则的设置;
(5) 掌握 PCB 布线的基本原则,并能熟练地进行 PCB 手工布线操作;
(6) 掌握添加泪滴、添加丝印信息、覆铜、设计规则检查等操作;
(7) 了解生产文件的组成,并熟悉生产文件的导出操作。

9.1 PCB 设计流程

PCB 设计流程如图 9-1 所示,一般包括如下几个步骤:
(1) 在工程文件中新建 PCB 文件。
(2) 设计 PCB 板框和定位孔。
(3) 将该工程的原理图导入 PCB 文件。
(4) 在 PCB 设计环境中设置 PCB 的设计规则,具体包括电气安全距离、线宽、布线工作层、导线拐角、过孔样式、覆铜连接样式等。
(5) 对 PCB 上的元件进行布局操作。
(6) 对 PCB 上的元件进行布线操作,采用交互式手工布线操作,布线完成后,再进行泪滴添加、丝印信息添加、覆铜等操作。
(7) 对 PCB 进行设计规则检查。
(8) 导出生产文件,具体包括 Gerber 文件、BOM 文件、丝印文件、坐标文件。

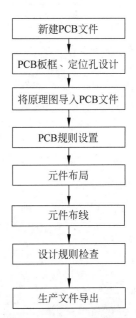

图 9-1 PCB 设计流程

9.2 PCB 设计环境简介

在"IAP15 实验板.PrjPcb"工程文件中,执行"文件"→"新的"→PCB,在 Projects 面板中将出现一个 PCB 文件,并自动进入 PCB 设计环境。PCB 设计环境与原理图设计环境一样,菜单栏的各项和工具栏基本是对应的,但其下方是层面的切换标签,通过单击不同的层面标签可将设计环境切换到相应的层。

由于 PCB 的制作通常是将各层分开,经过压制、处理,最后生成各种功能的电路板,因而 PCB 一般包括很多层,不同的层包含不同的信息,在前面 6.1.2 节"板层"相关概念中已介绍,这里不再赘述。

为了区分各个板层,在 PCB 设计环境内可将各层设置成不同的颜色,并且可以决定该层是否显示,这样做的好处是在设计多层板时,如果仅需要看一个层面的情况,只需将其他层面隐藏。

按快捷键 L,或者单击 ,打开 View Configuration 面板,如图 9-2 所示。单击层名称前面的 ◉ 图标,即可设置该层的显示和隐藏;单击层名称前面的颜色图标可以自行定义层的颜色,一般情况下使用系统默认的颜色。

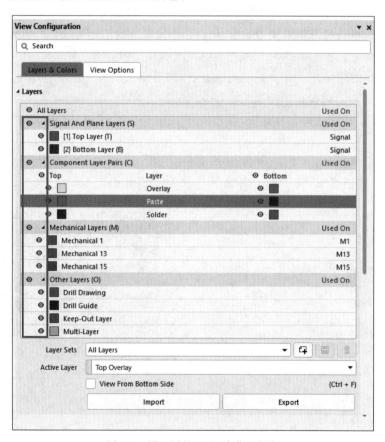

图 9-2 设置层的显示/隐藏及颜色

9.3 PCB板框及定位孔设计

9.3.1 PCB板框设计

在绘制PCB之前,用户要对电路板有一个初步的规划,如电路板采用多大的物理尺寸,如果是简单的矩形或者规则多边形,直接在PCB中绘制即可。

下面以绘制"IAP15实验板"的PCB板框为例,介绍PCB板框的绘制过程,要求实验板的大小为90mm×60mm,在"Mechanical 1"层绘制。具体步骤如下。

(1) 在PCB设计环境下,单击工作窗口下方的"Mechanical 1"(机械层1)标签,使该层处于当前工作窗口中。通过"视图"→"切换单位"操作,将单位切换至公制单位。

(2) 执行菜单栏中的"编辑"→"原点"→"设置",自定义相对坐标原点(0mm,0mm)。

(3) 执行菜单栏中的"放置"→"线条",绘制边框线。此时光标处于命令状态,按下快捷键J+L,在弹出的对话框中输入x、y坐标(0mm,0mm),这时线条的起点定位到原点,按下Enter键确定。再次按一下快捷键J+L,输入x、y的终点坐标(90mm,0mm),按下Enter键确定,光标跳跃到坐标(90mm,0mm)处。然后双击Enter键确定此条连线。

继续绘制其他的边框线,按此方法绘制的边框线为封闭状态。

注意:通常将板的形状定义为矩形,但在一些特殊情况下,为了满足电路的某种特殊要求,也可将板形定义为圆形、椭圆形或者其他不规则的形状。

(4) 当绘制的线组成了一个封闭的边框时,即可结束边框的绘制。单击鼠标右键或者按下Esc键即可退出该操作。定义板框尺寸后的效果如图9-3所示。

(5) 将PCB板框的线全部选中,单击菜单栏中的"设计"→"板子形状"→"按照选择对象定义"。

(6) 单击菜单栏中的"视图"→"板子规划模式"或者"切换到3维模式",就可以看到最终规划的PCB板框效果,如图9-4所示。

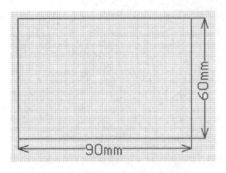

图9-3 定义板框尺寸后的效果

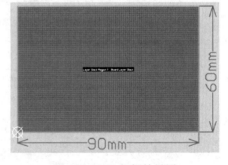

图9-4 PCB板框效果图

9.3.2 定位孔设计

制作好的电路板需要通过定位孔固定在结构件上,"IAP15实验板"的4个顶角各有一个定位孔。放置定位孔的步骤如下。

(1) 放置定位孔时,为了保证定位准确,首先应将可视栅格和捕获栅格定义为 1mm。

(2) 在 Mechanical 1 层,单击菜单栏中的"放置"→"圆弧"→"圆",参考 PCB 板框左下角的原点位置,出现十字光标后,按下快捷键 J+L,在弹出的对话框中输入 x、y 坐标(4mm,4mm),定位圆心后,放置圆,并将圆的半径定义为 2mm。另外,为防止布局时发生移位,建议将圆的坐标位置在 PCB 上锁定(按 🔒 图标)。

(3) 选择画好的定位孔,单击菜单栏中的"工具"→"转换"→"以选中的元素创建板切割槽",这时该定位孔就变成 PCB 板上的槽孔,至此,第一个定位孔设计好。

(4) 重复步骤(2)、(3),根据原点位置计算其他定位孔的坐标,完成定位孔的设计,4 个定位孔设计后的效果如图 9-5 所示。

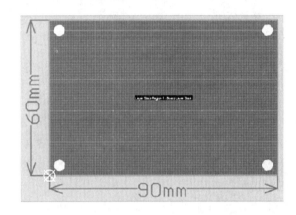

图 9-5　四个定位孔设计后的效果图

9.4　原理图信息导入 PCB 文件的方法

在完成了电路原理图的设计、编译与查错、网络表的生成、PCB 板框设置等准备工作后,即可开始 PCB 的设计工作。第一步就是将原理图信息导入 PCB 文件,而网络表是原理图与 PCB 图之间的联系纽带,原理图的信息可以通过更新或者导入原理图设计数据(网络表)的方式完成与 PCB 之间的同步。

原理图信息导入 PCB 文件的步骤如下。

(1) 打开"IAP15 实验板.SchDoc"文件,使之处于当前的工作窗口中,同时应保证"IAP15 实验板.PcbDoc"文件也处于打开状态。使这两个文件在同一个工程下。

(2) 在原理图编辑器中,单击菜单栏中的"设计"→"Update PCB Document IAP15 实验板.PcbDoc",系统将对原理图和 PCB 图的设计数据进行比较,并弹出一个"工程变更指令"对话框,如图 9-6 所示。

(3) 单击"验证变更"按钮,系统将扫描所有的更改操作项,验证能否在 PCB 上执行所有的更新操作。随后在可以执行更新操作的每一项所对应的"状态检测"栏中显示 ✅ 标记。

✅ 标记:说明该项更改操作项合乎规则。

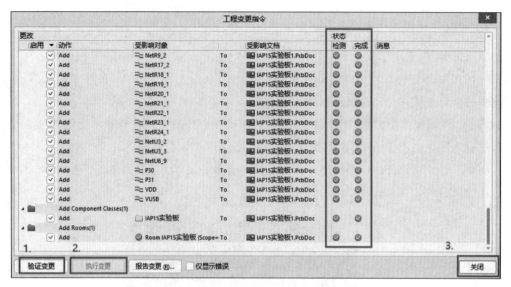

图 9-6 "工程变更指令"对话框

❌ 标记:说明该项更改操作是不可执行的,需要返回到以前的步骤中进行修改,然后重新进行更新验证。一般出现 ❌ 标记的原因常是某些元件的封装库没有添加。

(4) 进行合法性校验后单击"执行变更"按钮,系统将完成网络表的导入,同时在每一项的"完成"栏中显示 ✓ 标记提示导入成功。

(5) 单击"关闭"按钮,关闭该对话框。此时可以看到在 PCB 图布线框的右侧出现了导入的所有元件的封装模型,如图 9-7 所示。

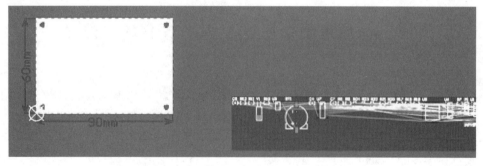

图 9-7 原理图信息完成导入后的 PCB 图

9.5 PCB 设计常用规则的设置

为确保设计完成的印制电路板具有良好的性能,在进行 PCB 项目设计之前,首先应进行设计规则的设置,来约束 PCB 元件布局或者 PCB 布线。不同的 PCB 项目有不同的规则设置,由设计者根据项目需求自行确定,并可随时修改。

在 PCB 设计环境中,执行菜单栏中的"设计"→"规则"命令,系统将弹出如图 9-8 所示的"PCB 规则及约束编辑器"对话框。Altium Designer 为用户提供了十大类规则,包括电气类(Electrical)、布线类(Routing)、表面封装(SMT)等。在每一类设计规则下又有不同用途的设计规则,具体内容显示在右侧编辑框中,设计者可以根据提示完成相应的设置。

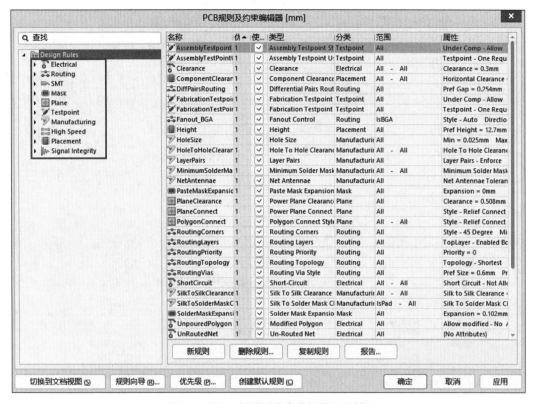

图 9-8 "PCB 规则及约束编辑器"对话框

下面针对"IAP15 实验板"的 PCB 设计,介绍常用的设计规则,建议读者在学习完本节后,到 Altium Designer 官方网站进一步了解其他规则。

1. Electrical 之 Clearance 的设置

Clearance(安全间距)用于设置两个电气对象之间的最小安全间距。在间距设置中可以设置导线与导线之间、导线与焊盘之间、焊盘与焊盘之间的间距规则,在设置规则时可以选择使用该规则的对象和具体的间距值。通常安全间距越大越好,但是太大的安全间距会造成电路不够紧凑,同时也将提高制板成本。因此,安全间距通常设置在 0.25~0.5mm(10~20mil),根据不同的电路结构可以设置不同的安全间距。

用户可以对整个 PCB 板的所有网络设置相同的布线安全间距,也可以对某一个或多个网络设置单独的布线安全间距。

单击 Electrical 选项中的 Clearance 规则,对话框右侧将列出该规则的详细信息,如图 9-9 所示。

(1) 适用对象设置。

在 Where The First Object Matches 列表框中选取首个匹配电气对象。有以下选项:

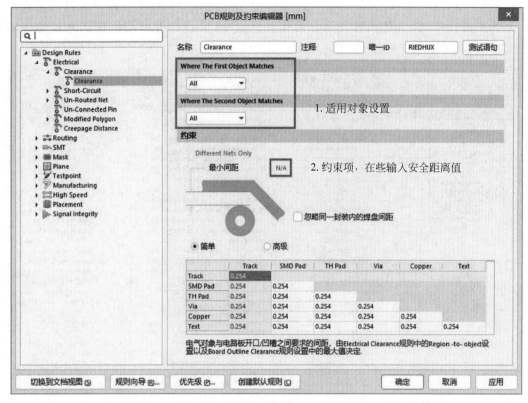

图 9-9　Clearance 规则设置对话框

① All：表示所有部件都适用，即整个板的间距。

② Net：针对单个网络。

③ Net Class：针对所设置的网络类。

④ Net and Layer：针对网络与层。

⑤ Custom Query：自定义查询。

在 Where The Second Object Matches 列表框中选取第二个匹配电气对象。

（2）设置好匹配电气对象后，用户在"约束"选项组中设置所需的安全距离数值即可，本例中安全距离设置为 0.3mm。

2. Routing 之 Width 的设置

Width(线宽)用于设置布线时的线宽，如图 9-10 所示为该规则的设置界面。走线宽度是指 PCB 铜箔走线的实际宽度值。与安全间距一样，走线宽度过大也会造成电路不够紧凑，提高制板成本，应该根据电流的大小设置不同的走线宽度。

设计者可以新建多个线宽设置规则，以针对不同的网络或板层要求。添加新的布线宽度规则的操作是：右击某一线宽，在弹出的下拉菜单中选择"新规则"。

本例中一般信号线的布线宽度为 0.4mm，电源线和地线宽度都为 0.5mm。

布线优先级设置：单击图 9-10 对话框左下角"优先级"，对同时存在的多个线宽设计规则时，通过增加优先级、降低优先级来设置优先权，如图 9-11 所示。

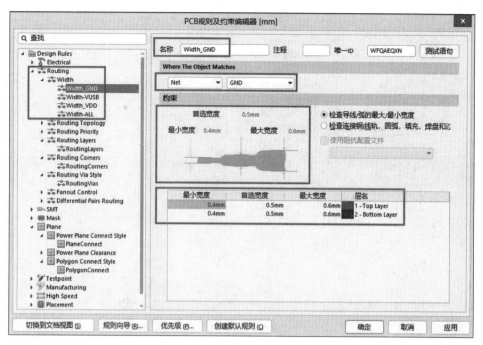

图 9-10　Width 规则设置对话框

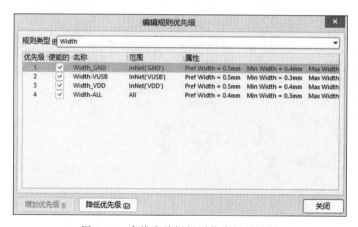

图 9-11　多线宽编辑规则优先级对话框

3. Routing 之 Routing Layers 的设置

Routing Layers(布线工作层)用于设置布线规则可以约束的工作层,如图 9-12 所示,在相应的层名前的方框中勾选即可。

4. Routing 之 Routing Corners 的设置

Routing Corners(导线拐角)规则用于设置导线拐角形式,如图 9-13 所示。PCB 上的导线有 3 种拐角方式,通常情况下会采用 45°的拐角形式。设置规则时可以针对每个连接、每个网络直至整个 PCB 设置导线拐角形式。

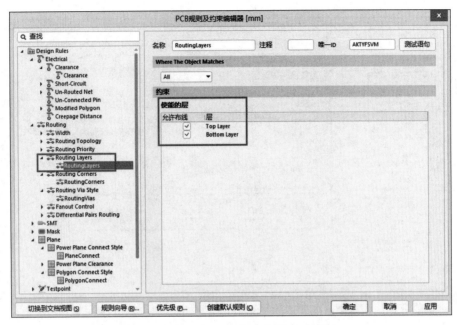

图 9-12 Routing Layers 规则设置对话框

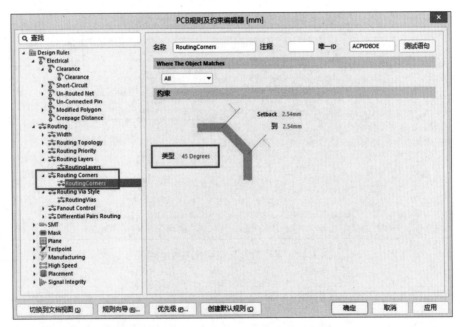

图 9-13 Routing Corners 规则设置对话框

5. Routing 之 Routing Via Style 的设置

Routing Via Style(布线过孔样式)规则用于设置布线时所用过孔的样式,如图 9-14 所示,在该对话框中可以设置过孔的各种尺寸参数。过孔直径和过孔孔径都包括最大、最小和优先 3 种定义方式。本例中过孔直径采用 0.6mm、过孔孔径采用 0.3mm。

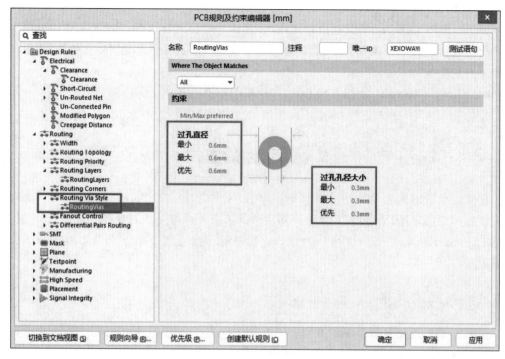

图 9-14 Routing Via Style 规则设置对话框

6. Plane 之 Polygon Connect Style 的设置

Polygon Connect Style(覆铜连接样式)规则用于设定覆铜与焊盘、覆铜与过孔的连接样式,并且该连接样式必须针对同一网络部件,如图 9-15 所示。

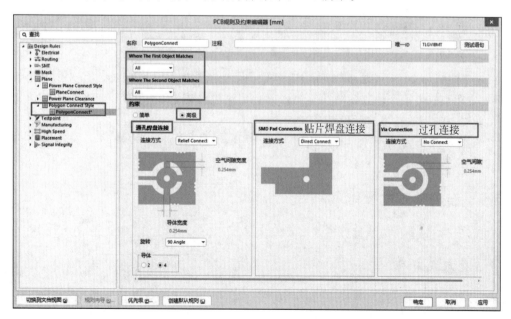

图 9-15 Polygon Connect Style 规则设置对话框

有3种连接方式可供选择：

(1) Relief Connect：突起连接方式，即放射状的连接。通过"导体"选项选择与铜皮的连接导线数量，通过"导体宽度"选项设置连接导线的宽度，通过"空气间隙宽度"选项设置间隔间隙的宽度。

(2) Direct Connect：直接连接方式，即铜皮与过孔或焊盘全部连接起来。

(3) No Connect：无连接，表示不连接。

9.6 元件的布局

在完成原理图信息导入PCB文件的操作后，元件就显示在PCB设计窗口中了，此时就可以开始元件的布局。元件布局是将网络表中的所有元件按一定的规则放置在PCB板上。它是PCB设计的关键一步，也是PCB设计过程中的难点，合理的布局会让后续的布线相对容易很多。

9.6.1 布局的原则

PCB布局一般遵循以下基本原则。

(1) "先大后小，先难后易"原则，即重要的单元电路、核心元件应优先布局。

(2) "同一功能模块集中"原则，即实现同一功能的相关电路模块中的元件就近集中布局，使布线最短。

(3) "按信号流向"原则，即布局时应参考原理图，按照信号的流向逐个安排各个功能电路的位置，以每个功能电路的核心元件为中心，围绕它进行布局。多数情况下，信号的流向安排为从左到右或从上到下，与输入、输出端直接相连的元件应当放在靠近输入、输出接插件或连接器的地方。

(4) "便于调试"原则，要求可调元件的周围要留有足够的空间，同类型元件在 X 轴或 Y 轴方向上应朝同一方向放置，便于生产和检验。

(5) "抑制热干扰"原则，即一些功耗大的元件要布置在容易散热的地方，并与其他元件隔开一定距离；热敏元件应紧贴被测元件并远离高温区域，以免引起误动作；双面放置元件时，底层一般不放置发热元件。

(6) 位于板边缘的元件，离板边缘一般不小于2mm，如果空间允许，建议距离设置为5mm。

9.6.2 布局的基本操作

进行元件布局时，应掌握以下基本操作。

1. 交叉式布局

在原理图中，同一模块电路中的元件都在一起，但当原理图信息导入PCB文件后，原理图上的所有元件都在一列上，无法区分各模块电路中的元件。为此，Altium Designer 提供了交互式布局功能，此功能的作用就是用于切换原理图符号和PCB封装之间的对应位置，方便设计者按照原理图布局快速找地到 PCB 上元件的封装。

交叉式布局的使用步骤如下。

(1) 分别在原理图编辑环境和 PCB 编辑环境中执行菜单栏中的"工具"→"交叉选择模式"命令,或者分别在两个编辑环境中按下快捷键 Shift+Ctrl+X。

(2) 打开交叉选择模式后,在原理图上选择某模块电路的所有元件,PCB 上对应的元件就同步被选中,如图 9-16 所示。

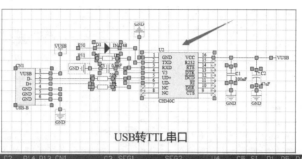

彩图 9-16

图 9-16 交叉选择模式效果

(3) 将选中的模块电路元件封装一起拖入 PCB 板框,进行布局操作。

2. 全局编辑

进行 PCB 设计时,如果需要对具有相同属性的对象进行操作,可使用全局编辑功能。利用该功能,可以实现快速调整 PCB 中相同类型的丝印编号大小、过孔大小、线宽大小以及元件锁定等操作。

下面以修改元件的丝印编号大小为例,介绍全局编辑的操作步骤。

(1) 打开"查找相似对象"对话框

选中原理图中的任一个元件的丝印编号,单击鼠标右键,在菜单中选择"查找相似对象"命令,将弹出"查找相似对象"对话框,如图 9-17 所示。

(2) 选择元件属性匹配的对象

因为要对 PCB 中所有元件的丝印编号大小进行修改,在图 9-17 所示的对话框中将 Text Height 和 Text Width 这两个选项后面的 Any 关系改成 Same,设置好匹配选项后,单击"确定"按钮,则 PCB 中所有元件的丝印编号被选中。

(3) 修改属性

在弹出的 Properties 面板中更改需要全局修改的丝印编号大小,如将 Text Height 改为 0.8mm,Stroke Width 改为 0.2mm,如图 9-18 所示。丝印编号大小全局修改前后的效果对比如图 9-19 所示(以电容 C6 为例)。

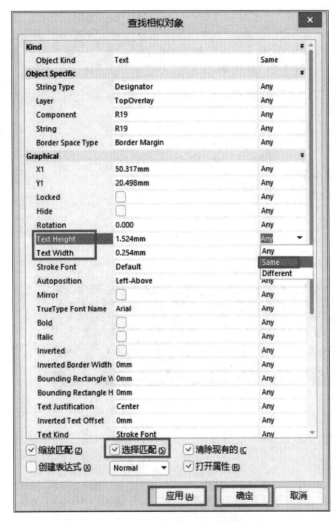

图 9-17 "查找相似对象"对话框

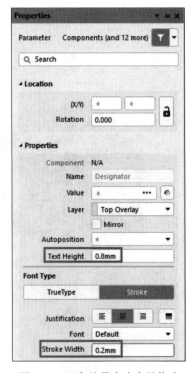

图 9-18 丝印编号大小全局修改

图 9-19 全局修改前后的效果对比

3. 元件对齐

在 PCB 板上,可以通过移动元件来完成手动布局的操作,但是单纯通过手动移动不够精细,不能非常整齐地摆放好元件,为此,Altium Designer 提供了对齐功能。元件对齐方法有如下 3 种:

(1) 选中需要对齐的对象,单击菜单栏中的"编辑"→"对齐",在下拉菜单中选择需要的对齐方式。

(2) 选中需要对齐的对象,按快捷键 A+A,在弹出的"排列对象"对话框中选择需要的方式实现对齐。

(3) 选中需要对齐的对象,单击工具栏中的"排列工具"按钮 ,在弹出的下拉菜单中单击需要的对齐方式按钮。

4. 调整元件标注

布局调整后,往往元件标注的位置过于杂乱,尽管并不影响电路的正确性,但这样输出的装配文件可读性较差,后期进行元件装配时不方便比对元件,所以布局结束后还必须对元件标注进行调整。

元件标注文字一般要求排列整齐,方向一致,不要被遮挡,显示清晰,具体标注的字宽和字高可根据 PCB 板的空间和元件的密度灵活调整设置。如果元件过于集中,标注无法放到元件的旁边,可以将标注放到元件内部,或者元件附近,用箭头加以指示。

元件标注的调整采用移动和旋转的方式进行,此时建议隐藏其他层,只显示 Overlay 和 Solder 层,可以方便地进行标注的调整。按快捷键 L,或者单击 ,打开 View Configuration 面板,如图 9-20 所示,把除 Overlay 和 Solder 以外的层关闭。

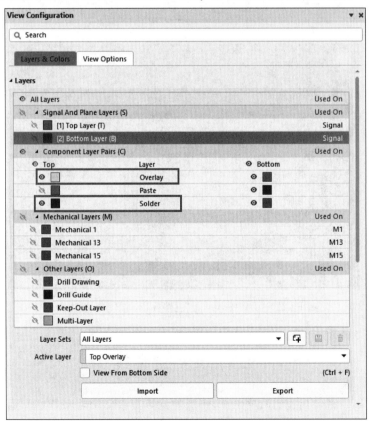

图 9-20 只显示 Overlay 和 Solder 层的操作

除了手动操作,还可以通过菜单命令实现标注位置的调整。先按快捷键 Ctrl+A 全选各元件标注,然后单击菜单栏中的"编辑"→"对齐"→"定位器件文本",系统将弹出如图 9-21 所示的"元件文本位置"对话框。在该对话框中,用户可以对元件说明文字(标号和说明内容)的位置进行设置。该命令是对所有元件说明文字的全局编辑,每一项都有 9 种不同的摆放位置。选择合适的摆放位置后,单击"确定"按钮,即可完成元件说明文字的调整。

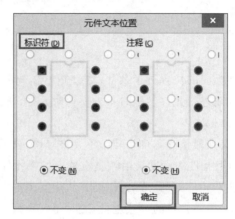

图 9-21　元件文本位置对话框

"IAP15 实验板"初步完成布局后的效果如图 9-22 所示,后期再在布线过程中进一步调整优化。

彩图 9-22

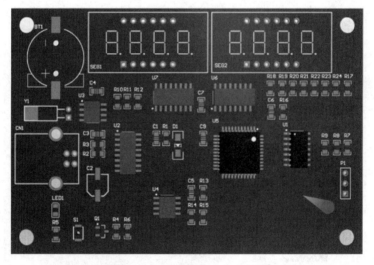

图 9-22　"IAP15 实验板"初步完成布局后的效果图

9.7　元件的布线

布线和布局是密切相关的两项工作,布局的好坏直接影响着布线的布通率。布线受布局、板层、电路结构、电气性能要求等多种因素影响,布线结果又直接影响电路板性能。布线首先要求布通,其次是达到最佳的电气性能,最后是美观。

9.7.1　布线的原则

PCB布线时应遵守以下原则。

(1) 线宽原则

导线的宽度应以能满足电气性能要求而又便于生产为准则,它的最小值取决于流过它的电流,但是一般不宜小于0.2mm。一般情况下,对于1oz($35\mu m$)厚的板材,0.25mm(10mil)线宽可以承载0.25A电流,1mm(40mil)线宽可以承载1A电流,依此类推。

通常来说,地线的线宽＞电源线的线宽＞信号线的线宽,只要电路板空间允许,尽可能用较宽的线。另外,导线的线宽一般要小于与之相连的焊盘的直径。

(2) 线间距原则

相邻导线之间的线间距应该满足电气安全要求,减少线间串扰,同时为了便于生产,应保证线间距足够大。当线中心间距不少于3倍线宽时,则可保证70%的电场不互相干扰,一般间距选择1～1.5mm完全可以满足要求。对集成电路,尤其是数字电路,只要工艺允许,可使间距很小。

需要强调一下,在各类PCB设计软件中,导线的线宽一般默认是0.25mm(10mil),在某些情况下可能需要修改线宽到更小,或者需要减小线间距,虽然软件上可以修改线宽和线间距到任意值,但是如果超出PCB工厂的加工能力,最后的PCB成品,线宽太窄的线可能断裂,线间距太小的两条导线可能连在一起,因而设计时除了要考虑电路板的性能要求,还得考虑到工厂的加工能力。

(3) 信号线走线原则

布线时应尽可能遵守一层水平布线、另一层垂直布线的原则,即印制电路板两面的导线应互相垂直、斜交或弯曲走线,避免平行,减少寄生耦合。信号线禁止走环形,避免形成环形天线,产生较强的辐射干扰。避免直角走线、锐角走线。模拟电路与数字电路的电源线、地线应分开排布,这样可以减小模拟电路与数字电路之间的相互干扰。

(4) 其他原则

一般将公共地线布置在印制电路板的边缘,但布线不要离定位孔和电路板边框太近,否则在进行PCB钻孔或切割加工时,导线很容易被切割掉一部分甚至被切断。

9.7.2　布线的基本操作

1. 自动布线命令

单击菜单栏中"布线"→"自动布线"→"全部",系统将弹出如图9-23所示的"Situs布线策略"对话框。布线策略是指印制电路板自动布线时所采取的策略,如探索式布线、迷宫式布线、推挤式布线等,而自动布线的布通率依赖于良好的布局。

当元件排列比较紧密或布线规则设置过于严格时,自动布线可能不能完全布通,即使完全布通,PCB有时会有部分网络走线不合理的现象,如绕线过多、尖角拐弯等,此时需要进行手动调整。

另外,PCB布线是个复杂的过程,需要考虑多方面的因素,包括美观、散热、干扰、是否便于安装和焊接等,而基于一定算法的自动布线会出现一些不合理的布线情况,例如有较多

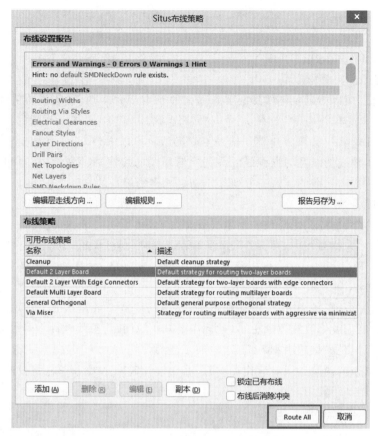

图 9-23 "Situs 布线策略"对话框

的绕线、走线不美观等。

2. 飞线的显示与隐藏

飞线是基于相同网络产生的,表示两个焊盘之间的连接关系。飞线有利于帮助设计者理清信号的流向,便于指导手工布线。具体布线时,可以有选择性地显示或隐藏某类网络或某个网络,减少飞线对布线的干扰。基于该操作,可以在手工布线前将 GND 网络的飞线隐藏,布线完成后再打开。

下面以隐藏 GND 网络为例,介绍该操作的步骤。

(1) 在 PCB 编辑环境中,单击菜单栏中的"视图"→"连接",或者按下快捷键 N,则出现如图 9-24 所示的菜单项。

① 网络:针对单个或多个网络的飞线操作。

② 器件:针对某个元件所涉及的网络飞线。

③ 全部:针对全部飞线操作。

(2) 单击菜单栏中的"隐藏连接"→"网络",鼠标指示变为十字光标,单击会出现如图 9-25 所示的 Net Name 对话框。输入"GND"后,单击"确定",会发现 PCB 上所有 GND 网络飞线被隐藏。

图 9-24　快捷飞线开关　　　　图 9-25　Net Name 对话框

3. 交互式布线命令

交互式布线命令用于手工布线，具体操作如下。

（1）切换到准备布线的信号层。

（2）单击菜单栏中的"放置"→"走线"，或者单击工具栏中的"交互式布线连接"按钮 ，此时光标变成十字形。

（3）移动光标到元件的一个焊盘上，单击放置布线的起点。

（4）连续多次单击鼠标左键可以确定导线的不同段，完成两个焊盘之间的布线。

手动布线的导线有 5 种转角模式：任意角度、90°拐角、90°弧形拐角、45°拐角和 45°弧形拐角。按 Shift+Space 键可以在转角模式间切换。

（5）鼠标双击导线可以打开 Properties（属性）设置对话框。

（6）若某网络在一个层面无法完成布线，可通过放置过孔，完成顶层和底层的电气连接。

本例中"IAP15 实验板"的 PCB 布线采用双面板手工布线，布线时可以先将连线较为复杂的显示驱动和显示电路优先布线，然后对电源电路、USB 转 TTL 串口电路等其他功能电路布线。另外，本例中的覆铜网络采用的是 GND 网络，所以布线时将 GND 网络显示关闭，不对其进行布线。采用交互式手工布线的效果如图 9-26 所示。

彩图 9-26

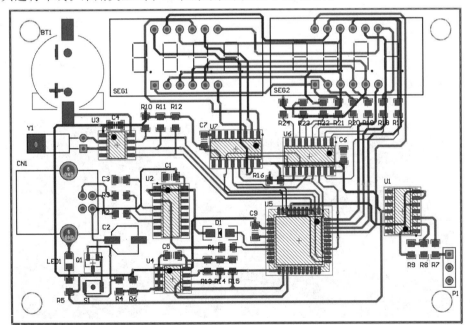

图 9-26　交互式手工布线效果图

4. 添加泪滴

在 PCB 设计过程中,常常需要在导线和焊盘或者过孔的连接处补泪滴,以去除连接处的直角,加大连接面。这样做的好处:一是提高了信号完整性,使导线与焊盘尺寸的差距逐渐减小,减少信号损失和反射;二是避免在 PCB 制作过程中因钻孔定位偏差导致焊盘与导线断裂,以及应力集中导致连接处断裂。

添加泪滴的步骤如下。

(1) 单击菜单栏中的"工具"→"泪滴",系统弹出"泪滴"对话框,如图 9-27 所示。

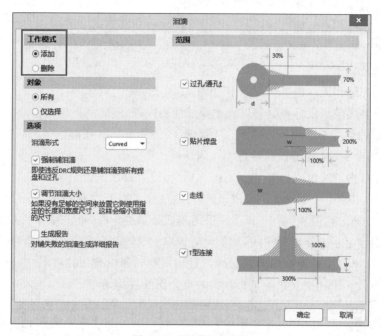

图 9-27 "泪滴"对话框

(2) 设置完毕,单击"确定"按钮,即完成对象的泪滴添加操作。补泪滴前后焊盘与导线连接的变化情况如图 9-28 所示。

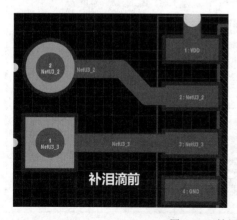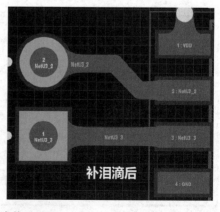

图 9-28 补泪滴前后对比

删除泪滴只需要在"泪滴"对话框中将工作模式改为"删除"即可。

5. 过孔盖油处理

过孔盖油、过孔开窗是 PCB 设计中关于过孔处理的方式。如图 9-29 所示，上面的过孔是开窗处理，下面的过孔是盖油处理，两者的区别就是是否要进行绝缘处理。如果没有特殊要求，过孔开窗与过孔盖油都可以。

如果需要在过孔上用万用表做一些测量工作，那就做成过孔开窗的。如果 PCB 上有大批量贴片焊接，为防止过孔上面粘上焊锡，可以将过孔做盖油处理。可以对单个过孔进行盖油处理，也可以批量处理，具体操作如下。

（1）单个过孔盖油处理

双击过孔，弹出过孔属性设置面板，在 Solder Mask Expansion 栏下，切换为 Manual。将 Top 后面的 Tented 打勾，即将过孔 Top 层设置为过孔盖油；将 Bottom 后面的 Tented 打勾，即将过孔 Bottom 层设置为过孔盖油，如图 9-30 所示。

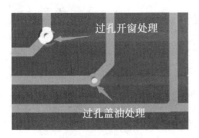
图 9-29　过孔盖油和过孔开窗对比

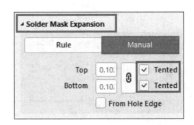
图 9-30　单个过孔盖油的设置

（2）批量过孔盖油处理

批量过孔盖油的设置可使用 9.6.2 节中介绍的全局编辑方式，选中任意一个过孔，右击，在弹出的快捷菜单中选择"查找相似对象"，弹出如图 9-31 所示的对话框，在该对话框中将 Solder Mask Tenting-Top 和 Solder Mask Tenting-Bottom 这两个选项后面的 Any 关系改成 Same，设置好匹配选项后，单击"确定"按钮，则 PCB 中所有相同条件的过孔被选中。然后在弹出的过孔属性设置面板中，按上述单个过孔盖油处理的方式进行勾选，即可完成批量过孔盖油处理。

6. 添加丝印

丝印是指印刷在 PCB 表面的文字和图案，添加丝印就是在 PCB 的上下表面印上所需要的图案和文字，具体可以是电路板的名称、版本信息等，也可以是电源、接地符号等，目的是方便电路板的焊接、调试、安装和维修。

单击菜单栏中的"放置"→"字符串"，或者单击工具栏中的 **A** 按钮，然后按 Tab 键，在弹出的文本属性对话框中输入需要添加的丝印文字，放置到 PCB 合适的位置上即可。

7. 电路板覆铜

覆铜由一系列导线组成，可以完成电路板内不规则区域的填充。在绘制 PCB 图时，覆铜主要是指把空余没有布线的部分用导线全部铺满，用铜箔铺满的区域和电路的一个网络相连,多数情况是和 GND 网络相连。

对大面积的 GND 或电源网络覆铜将起到屏蔽作用,可提高电路的抗干扰能力。此外,覆铜还可以提高电源效率,与地线相连的覆铜可以减小环路面积。本例的"IAP15 实验板"将覆铜网络设置为 GND,具体操作如下。

(1) 单击菜单栏中的"放置"→"铺铜",或者单击工具栏中的 按钮,然后按 Tab 键打开覆铜属性编辑面板,如图 9-32 所示。

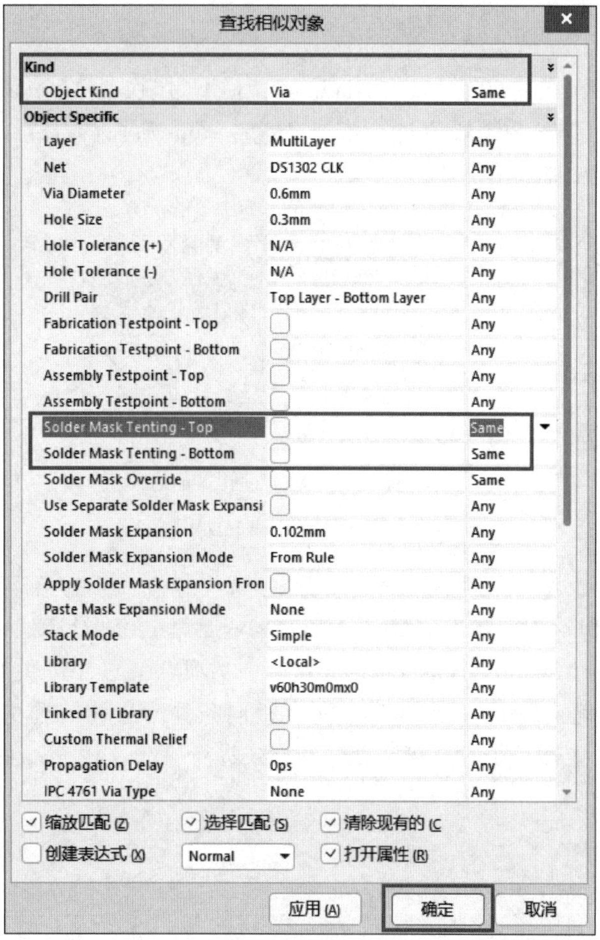

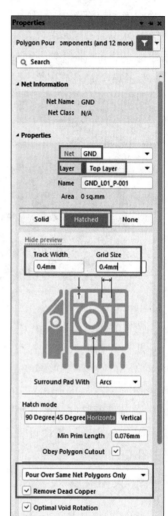

图 9-31　批量过孔盖油的设置

图 9-32　覆铜属性编辑面板

(2) 在该面板中对覆铜属性进行设置。

① Net:选择覆铜所属网络,本例选择 GND 网络。

② Layer:选择覆铜所在层面,本例选择 Top Layer。

③ Fill Mode:选择铜皮的填充形式,有 3 种模式可供选择,Solid 格式,覆铜区域内全铜敷设;Hatched 模式,覆铜区域内网络状覆铜;None 模式,只保留覆铜边界,内部无填充。具体覆铜方式可根据需求选择,本例选择 Solid 模式。

④ 在 Grid Size 和 Track Width 文本框中输入网格尺寸和宽度,若设置成相同的数值,则覆铜为实心铜,本例设置为 0.4mm。

⑤ 选中 Pour Over Same Net Polygons Only 选项,即覆铜只与同网络的边界相连。

⑥ 勾选 Remove Dead Copper(删除死铜)复选框,可将孤立区域的覆铜去除。孤立区域的覆铜是指没有连接到指定网络元件上的封闭区域的覆铜。

(3) 按 Enter 键,关闭覆铜属性面板,此时光标变为十字形,准备开始覆铜操作。

(4) 用光标沿着 PCB 的板框画一个闭合的矩形框,右击退出,系统将在框线内自动生成 Top Layer(顶层)的覆铜,效果如图 9-33 所示。

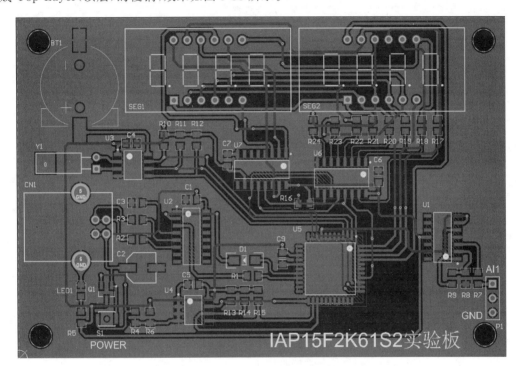

彩图 9-33

图 9-33 顶层覆铜效果图

9.8 设计规则检查(DRC)

PCB 布局与布线完毕,文件输出之前,需要进行一次完整的设计规则检查(design rule check,DRC)。系统会根据设置用户设计规则对 PCB 设计的各个方面进行检查校验,DRC 是 PCB 设计正确性和完整性的重要保证。

在 PCB 编辑环境下,单击菜单栏中的"工具"→"设计规则检查",或者按快捷键 T+D,打开设计规则检查器,如图 9-34 所示。

进行 DRC 检查时,并不需要检查所有的设计规则,只需检查用户需要比对的规则即可。DRC 检查项过多会导致 PCB 布局与布线的时候经常报错,导致软件卡顿。

DRC 检查项设置:点开需要检查的项目,找到对应规则,在后面的"在线"和"批量"复选框中勾选即可。

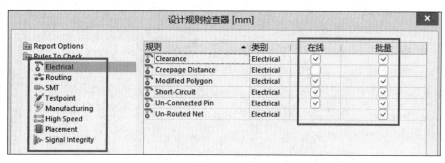

图 9-34 设计规则检查器

9.9 生产文件的导出

设计好 PCB 后,接下来需要制作 PCB。制作 PCB 的第一步就是 PCB 打样,后续就是元件采购、焊接(或贴片),这些操作都需要相应的生产文件。生产文件的组成如图 9-35 所示。

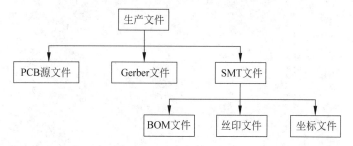

图 9-35 生产文件的组成

在进行 PCB 打样、PCB 贴片加工时,需要将 PCB 源文件发送给 PCB 打样工厂和贴片工厂,但为防止技术泄露,一般建议发送 Gerber 文件和 SMT 文件。BOM(bill of materials)文件(物料清单)主要用于元件采购。

9.9.1 Gerber 文件的导出

Gerber 文件是一种符合 EIA 标准,用于驱动光绘机的文件。该文件把 PCB 中的布线数据转换为光绘机用于生产 1∶1 高精度胶片的光绘数据,是能被光绘机处理的文件格式。由于不同的 PCB 软件设计的工程文件格式不统一,因而直接将 Gerber 文件发给 PCB 厂商可以保证 PCB 加工的规范性和兼容性。同时 Gerber 文件不包含原理图,还附带一些保密作用。Gerber 文件导出的具体步骤如下。

(1) 在 PCB 编辑环境中,单击菜单栏中的"文件"→"制造输出"→Gerber Files。

(2) 在弹出的"Gerber 设置"对话框中选择"通用"选项卡,根据最终制造厂商的建议进行格式选择,如图 9-36 所示。

(3) 切换到"层"选项卡,在"绘制层"下拉列表中选择"选择使用的"选项,然后在"镜像层"下拉列表中选择"全部去掉"选项,否则会生成镜像图像。勾选"包括未连接的中间层焊盘"复选框,再次检查需要输出的层,需要的勾选上,如图 9-37 所示。

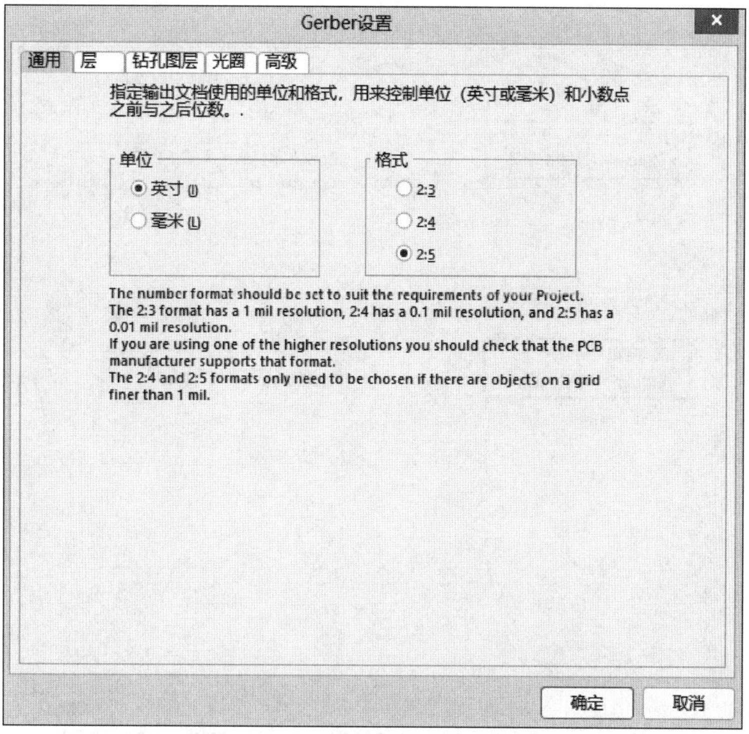

图 9-36　“Gerber 设置”对话框

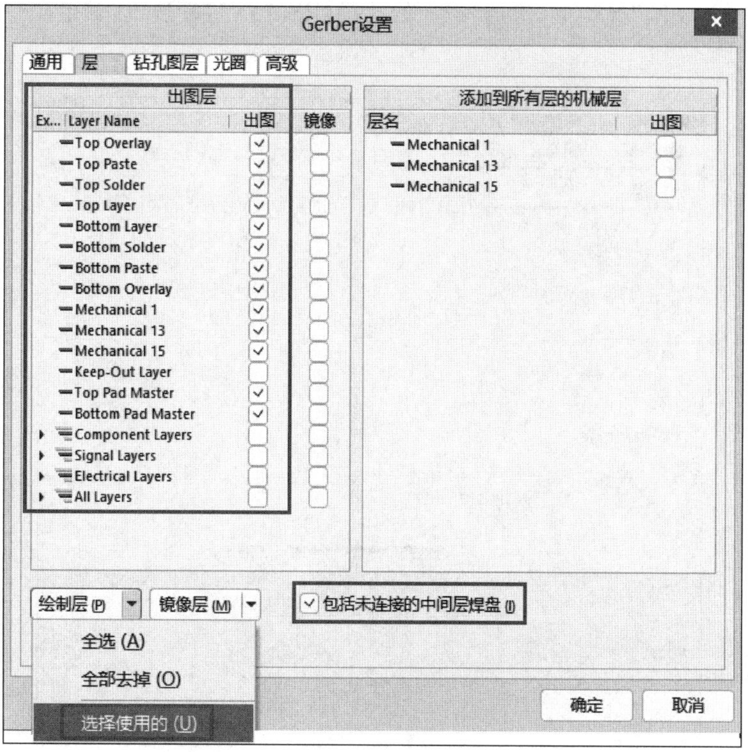

图 9-37　层的选择

(4) 切换到"钻孔图层"选项卡,选择要用到的层,如图9-38所示。

图9-38　钻孔图层的设置

(5) 切换到"光圈"选项卡,勾选"嵌入的孔径(RS274X)"复选框,其他项保持默认设置,如图9-39所示。

图9-39　光圈的设置

（6）切换到"高级"选项卡，在"其他的"里面勾选"使用软件弧"选项，保证圆弧不被线段近似替代，其他可采用默认设置。

（7）至此，Gerber 文件设置结束，单击"确定"按钮，即可生成 Gerber 文件的输出预览图。生成的 Gerber 文件会自动输出到 Project Outputs 文件夹中。

9.9.2 BOM 文件的导出

BOM 文件即物料清单，包括元件的详细信息。在原理图编辑环境或者 PCB 编辑环境中，单击菜单栏中的"报告"→Bill of Materials，系统将弹出相应的 BOM 对话框，如图 9-40 所示。

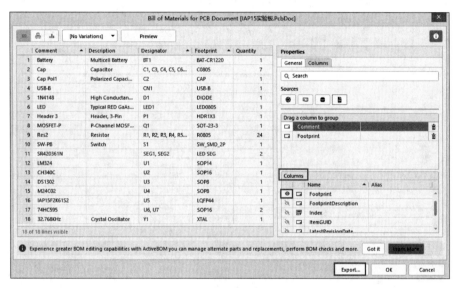

图 9-40 BOM 对话框

需要输出的信息可以在 Columns 中查找，如元件名称、编号、封装、数量等，单击前面的图标 ◉ ，即可在 BOM 表中显示出来。单击 Export 按钮，即可完成 BOM 表的导出（一般为 .xls 文件）。

9.9.3 丝印文件的导出

在将 PCB 和物料发送给贴片厂进行贴片加工时，需要将 PCB 丝印文件和坐标文件一起发送给贴片厂。单击菜单栏中的"文件"→"装配输出"→Assembly Drawing，则输出 PCB 的丝印文件，单击 Print 可完成打印，如图 9-41 所示。

9.9.4 坐标文件的导出

发送给贴片厂的文件除了 PCB 丝印文件，还有坐标文件。单击菜单栏中的"文件"→"装配输出"→Generates pick and place files，进行元件坐标输出，如图 9-42 所示。在项目文件下的 Text Documents 可以找到 txt 格式的坐标文件。

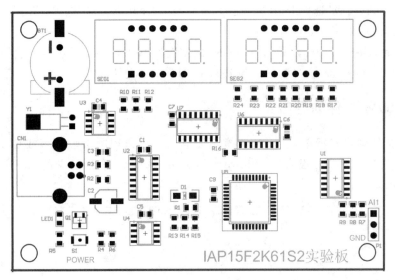

图 9-41 丝印文件输出效果

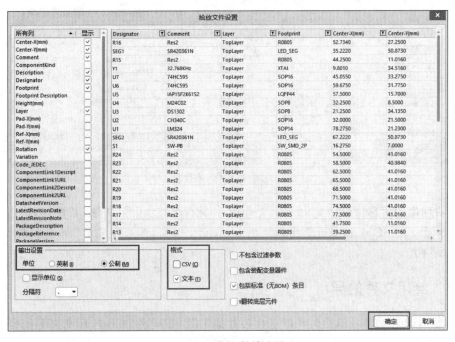

图 9-42 坐标文件输出设置

本章实践任务

在第 8 章实践任务完成的基础上,继续完成"IAP15 实验板"的 PCB 设计,其布局、布线可分别参考 9.6 节和 9.7 节的内容,并导出相应的生产文件。

第10章

PCB综合设计实践

【本章导学】

通过前面的学习,读者已基本掌握了完整的 PCB 设计流程,但 Altium Designer 软件的使用具有极强的实践性,因而还需结合大量的案例。本章通过 4 个 PCB 设计实例,让读者进一步巩固所学的 PCB 设计操作,逐步具备从电路原理图设计、元件选型到 PCB 设计的能力,从而在实践的过程中让读者领会 PCB 布局、布线的设计规则,积累设计经验。

【学习目标】

(1) 掌握综合运用模拟电路、数字电路、单片机等知识进行电路设计的能力;
(2) 掌握通过元件手册及相关资料设计元件封装的方法;
(3) 掌握 PCB 设计流程各个环节的操作;
(4) 掌握复杂电路原理图分模块化的设计方法。

10.1 多路波形信号发生器电路设计

10.1.1 电路功能分析

本例是由 NE555 构成的多路波形信号发生器电路,该电路可以产生方波、三角波、正弦波、锯齿波。电路通过短路块选择其中一种波形进行输出,输出的波形幅值可调,波形稳定。NE555 是一种应用广泛、功能强大的集成电路,属于小规模集成电路,其原理是用内部的定时器来构成时基电路,给其他的电路提供时序脉冲。其有两种封装形式:DIP-8 双列直插封装、SOP-8 小型贴片封装。

10.1.2 原理图设计

1. 工作原理

多路波形信号发生器电路的原理图如图 10-1 所示,电路中二极管 D1 的作用是防止电源接反而烧坏芯片,C1 为滤波电容。U1、R1、R2、C2 构成方波发生器,信号从 U1 的 3 脚输出,C3 为抗干扰电容。从 U1 第 3 脚输出的方波通过 R3、R4 分压,C5 耦合,用短路块短接 J1 即可在 OUT 端输出方波。另一路经过 C4 耦合与 C6 分压,经过积分电路 R5、C7 形成锯齿波,用短路块短接 J2 即可在 OUT 端输出锯齿波。锯齿波再经过下一级积分电路 R6、C8 形成三角波,用短路块短接 J3 即可在 OUT 端输出三角波。三角波经过 R7 后,再经 C9、R8、Q2、R9 组成的放大电路放大,在 Q2 集电极变成正弦波,用短路块短接 J4 即可在 OUT 端输出正弦波。R10、R11、Q1 组成射极跟随放大电路。最后信号都经 C10 耦合、PR1 分压,从 OUT 端输出。

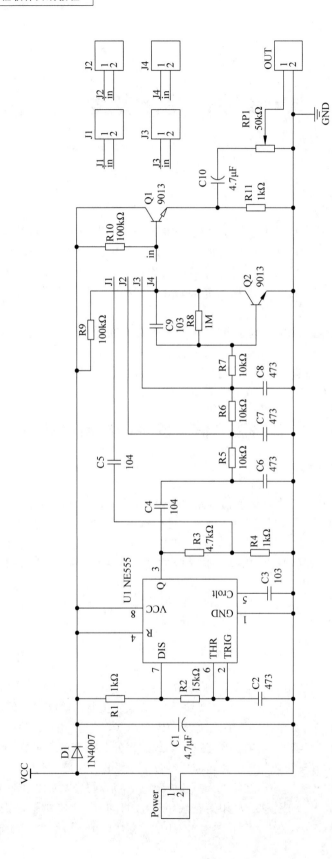

图 10-1 多路波形信号发生器电路原理图

2. 原理图绘制说明

原理图中各元件的名称及规格如表 10-1 所示,具体封装形式可参考实物在 Altium Designer 封装库中进行选择,或者直接自行绘制。

表 10-1 元件清单

编 号	元件名称	规 格	封 装	数 量
D1	二极管	1N4007	DO-35	1
PR1	503 电位器	50kΩ	RES-ADJ(自行绘制)	1
R1、R4、R11	色环电阻	1kΩ	AXIAL-0.3	3
R2	色环电阻	15kΩ	AXIAL-0.3	1
R3	色环电阻	4.7kΩ	AXIAL-0.3	1
R5、R6、R7	色环电阻	10kΩ	AXIAL-0.3	3
R8	色环电阻	1MΩ	AXIAL-0.3	1
R9、R10	色环电阻	100kΩ	AXIAL-0.3	2
U1	集成电路	NE555	DIP-8	1
C1、C10	电解电容	4.7μF/50V	RB2.54-4(自行绘制)	2
C2、C6、C7、C8	473 瓷片电容	0.047μF	CAP(自行绘制)	4
C3	103 独石电容	0.01μF	CAP(自行绘制)	1
C9	103 瓷片电容	0.01μF	CAP(自行绘制)	1
C4	104 独石电容	0.1μF	CAP(自行绘制)	1
C5	104 瓷片电容	0.1μF	CAP(自行绘制)	1
Q1、Q2	9013 三极管	9013	TO92	2
J1、J2、J3、J4、POWER、OUT	排针	2P(配短路帽)	HDR1×2	6

(1) 从库里找出的集成芯片 NE555,在原理图中不便于读图,建议自行绘制其原理图符号,如图 10-2 所示。

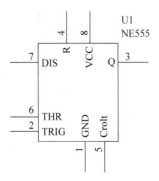

图 10-2 NE555 原理图符号

(2) PR1 为蓝白可调电位器,其封装尺寸如图 10-3 所示,图中单位为 mm。

(3) C1、C10 为电解电容,自行绘制封装,具体尺寸:直径 4mm,引脚间距 2.54mm,可参考 Altium Designer 自带的通用元件库(Miscellaneous Devices.IntLib)中电解电容的封装进行绘制。

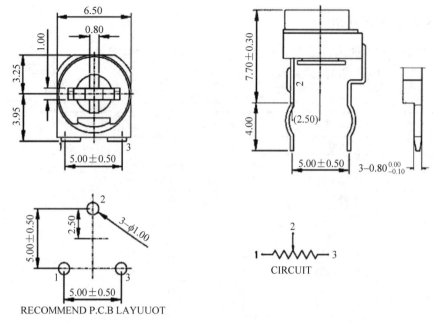

图 10-3 蓝白可调电位器封装尺寸图

10.1.3 PCB 设计

印制电路板尺寸大致可定为 50mm×50mm，采用单面板，底面布线，信号线的布线宽度为 0.25mm，电源线和地线宽度都为 0.4mm，四个角上放置定位孔，孔径 3mm。多路波形信号发生器电路 PCB 的布局与布线可参考图 10-4，三维效果如图 10-5 所示。

彩图 10-4

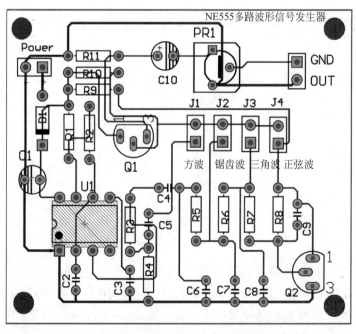

图 10-4 多路波形信号发生器布局与布线参考图

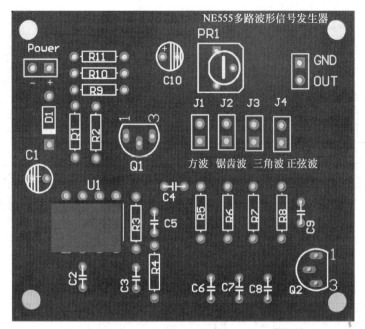

彩图 10-5

图 10-5 多路波形信号发生器 PCB 三维效果图

10.2 四人抢答器电路设计

10.2.1 电路功能分析

四人抢答器主要由四路抢答开关、抢答锁存电路、编码电路、七段译码显示电路等组成。四人抢答器具有数据锁存和显示功能，正常情况下四个开关处于常开状态，抢答开始后，最先按下开关的选手编号立即被锁存，同时封锁输入电路，禁止其他选手抢答，并在七段数码管上显示最先按下开关的选手编号，直到主持人按下清零开关，进入下一轮抢答。

10.2.2 原理图设计

1. 工作原理

四人抢答器电路原理图如图 10-6 所示，电路中 S5 为常开开关，当开关断开时允许抢答，当开关闭合时禁止抢答，并使抢答锁存电路清零。S1～S4 为四个常开开关，参与竞赛者每人一个。锁存电路由一个 4D 触发器 SN74LS175N 和一个双 4 输入与非门 CD4012 组成，当某一个开关首先按下时，锁存电路被触发，在输出端产生相应的开关信号，为防止其他开关随后触发，最先产生的输出信号将触发器锁定。如果多个开关同时被按下，则它们之间存在随机竞争，结果是它们中产生一个有效输出。编码电路使用四 2 输入与非门 CD4011，将触发器输出的信号编成相应的 8421BCD 码。七段译码电路由 CD4511BCN 组成，驱动七段数码管将抢答成功的选手编号显示出来。CP 脉冲由 NE555P 产生，产生约 1.1kHz 的 CP 脉冲信号。

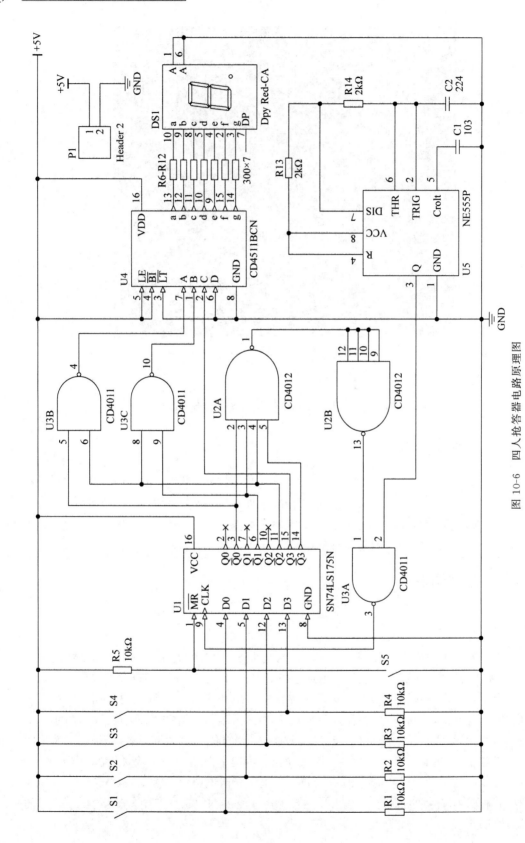

图 10-6 四人抢答器电路原理图

2. 工作过程

(1) 清零：接通电源后，主持人按下清零开关 S5，4D 触发器 SN74LS175N 清零，抢答器处于静止状态，因为 SN74LS175N 的输出端(3、6、11、14)引脚输出 1，双 4 输入与非门 CD4012 的 13 脚输出 1，打开控制门 U3A，允许时钟信号(CP)进入 SN74LS175N；由于 CD4511BCN 的 2 脚接 SN74LS175N 的 15 脚，输出 0，而 CD4511BCN 的 6 脚始终接地，输出 0，同时 U3B、U3C 输出 0，则 CD4511BCN 的输入端 DCBA＝0000，七段数码管显示 0，完成清零。

(2) 抢答：当主持人宣布开始抢答时，松开开关 S5，允许抢答；当 S1～S4 的任意一个开关按下时，例如 S4，即 D3＝1，则第二个触发器的 Q3 输出 1，双 4 输入与非门 CD4012 的 13 脚输出 0，封锁 U3A，CP 脉冲不能进入，触发器就不能翻转，将只锁定开关 S4 信号；此时经与非门 U3B、U3C 输出 0，SN74LS175N 的 15 脚输出 1，译码器 CD4511BCN 的 DCBA＝0100，译码显示 4。

3. 原理图绘制说明

原理图中各元件的名称及规格如表 10-2 所示，具体封装形式可参考实物在 Altium Designer 封装库中进行选择，或者直接自行绘制。

表 10-2 元件清单

编　号	元件名称	规　格	封　装	数　量
R1～R5	色环电阻	10kΩ	AXIAL-0.4	5
R6～R12	色环电阻	300Ω	AXIAL-0.4	7
R13、R14	色环电阻	2kΩ	AXIAL-0.4	2
C1	103 电容	$0.01\mu F$	CAP(自行绘制)	1
C2	224 电容	$0.22\mu F$	CAP(自行绘制)	1
U1	集成芯片	SN74LS175N	DIP16	1
U2	集成芯片	CD4012	DIP14	1
U3	集成芯片	CD4011	DIP14	1
U4	集成芯片	CD4511BCN	DIP16	1
U5	集成芯片	NE555P	DIP8	1
DS1	数码管	Dpy Red-CA	LEDDIP-10/C15.24RHD	1
S1～S5	四脚按键	轻触按键	KEY(自行绘制)	5

(1) 对于集成芯片 U2(CD4012，双 4 输入与非门)和 U3(CD4011，四 2 输入与非门)，请自行绘制其原理图符号，具体方法参考 7.2.3 节相关内容。

U2 包含 2 个子部件，如图 10-7 所示。2、3、4、5 和 9、10、11、12 引脚为输入，1、13 引脚为输出。另外，有一个引脚 VSS，编号为 7；还有一个引脚 VDD，编号为 14。这两个引脚属于公共部分，隐藏。还有两个空脚 NC，编号为 6 和 8，分别属于 partA 和 partB。

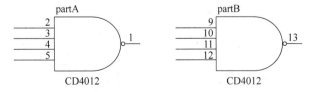

图 10-7　CD4012 原理图符号(从左往右依次为 partA、partB)

U3 包含 4 个子部件,如图 10-8 所示。1、2、5、6、8、9、12、13 引脚为输入,3、4、10、11 引脚为输出。另外,有一个引脚 VSS,编号为 7;还有一个引脚 VDD,编号为 14。这两个引脚属于公共部分,隐藏。

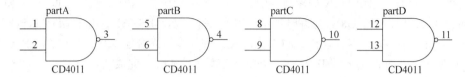

图 10-8　CD4011 原理图符号(从左往右依次为 partA、partB、partC、partD)

(2) 对于按键 S1~S5,需自行绘制其封装,其封装尺寸如图 10-9 所示,图中单位为 mm。

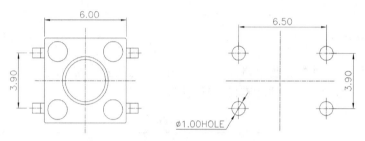

图 10-9　轻触按键封装尺寸图

(3) 103 电容、224 电容封装可以自行绘制,采用直插式焊盘,焊盘孔径 0.8mm,外径 2mm,焊盘间距 5mm。

10.2.3　PCB 设计

印制电路板尺寸大致可定为 80mm×60mm,采用双面板,信号线的布线宽度为 0.4mm,电源线和地线宽度都为 0.5mm,四个角上放置定位孔,过孔直径 0.6mm、孔径 0.3mm。四人抢答器电路 PCB 的布局与布线效果如图 10-10 所示,三维效果如图 10-11 所示。

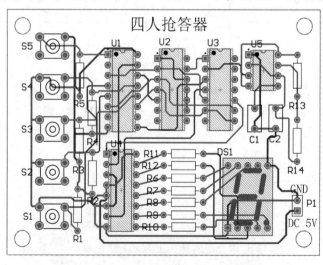

图 10-10　四人抢答器布局与布线效果图

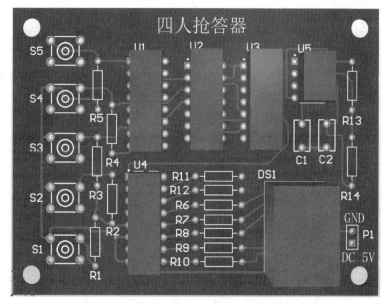

彩图 10-11

图 10-11　四人抢答器 PCB 三维效果图

10.3　工程车语音预警电路设计

10.3.1　电路功能分析

工程车语音预警电路包括电源电路、行为检测电路、主控电路、语音电路、功率放大电路。当工程车转弯、倒车、货箱举升等行为发生时,主控电路根据信号状态进行逻辑判断,控制语音芯片输出相应的语音信号至功率放大电路,通过扬声器产生高分贝的预警语音。

10.3.2　原理图设计

1. 电路组成

（1）主控电路

主控电路中的单片机 U1 采用型号为 STC15W204S 的微控制器,语音芯片 U2 的型号为 NV020C。单片机 U1 通过二线串口控制语音芯片 U2,实现指定一段语音的触发播放及停止。

如图 10-12 所示,主控电路主要包括单片机 U1 和语音芯片 U2。U1 的引脚 1 连接倒车检测电路的输出端,引脚 2 连接右转弯检测电路的输出端,引脚 3 连接左转弯检测电路的输出端,引脚 4 连接货箱举升检测电路的输出端。

（2）电源电路

如图 10-13 所示,直流 24V 电源的正极接二极管 D1 型号为 1N5407 的阳极,防止电源反接。二极管 D1 的阴极输出第二电源 VIN,向功率放大电路提供电源。

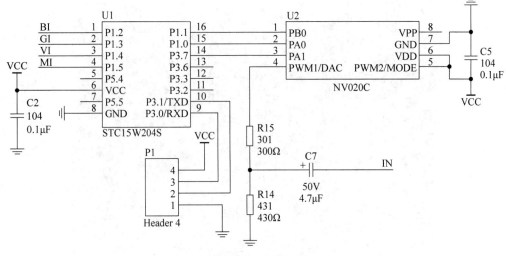

图 10-12 主控电路

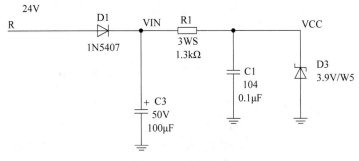

图 10-13 电源电路

(3) 行为检测电路

行为检测电路如图 10-14 所示,分别为倒车检测电路、左转弯检测电路、右转弯检测电路、货箱举升检测电路,各类危险行为信号取自对应的倒车灯、左转向灯、右转向灯、货箱举升灯。

以倒车检测电路为例,倒车灯线 B 通过二极管 D2 的阳极接入,二极管 D2 防止反接;电阻 R2 和 R3 组成分压电路。当倒车灯亮时,倒车检测电路输出高电平到主控电路,稳压二极管 D4 保护主控电路中单片机 U1 的输入口,防止车辆电源电压过高时烧毁单片机 U1 的引脚 1;无倒车行为时,电阻 R3 另一端接地,倒车检测电路输出逻辑低电平。

(4) 功率放大电路

功率放大电路主要由 LM1875T 集成芯片及少量外围电路构成。LM1875T 为 5 针脚形状,体积小巧,输出功率较大,图 10-15 是其典型的应用电路。

2. 原理图绘制说明

原理图中各元件的名称及规格如表 10-3 所示,具体封装形式可参考实物在 Altium

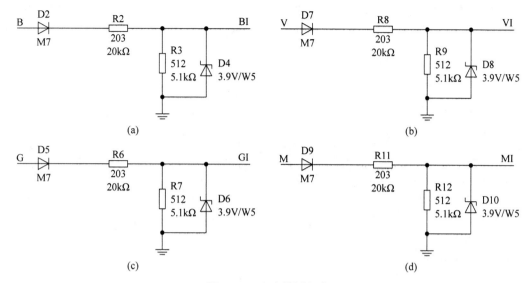

图 10-14 行为检测电路

(a) 倒车检测电路；(b) 左转弯检测电路；(c) 右转弯检测电路；(d) 货箱举升灯检测电路

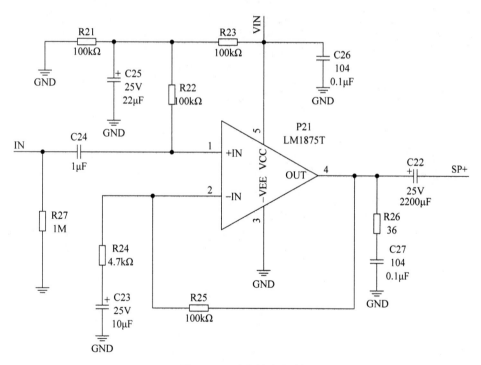

图 10-15 功率放大电路

Designer 封装库中进行选择，或者直接自行绘制。

（1）微控制器 STC15W204S、语音芯片 NV020C、功率放大芯片 LM1875T 需自行绘制其原理图符号，参考图如图 10-16 所示，具体方法参考 7.2.1 节相关内容。

表 10-3 元件清单

编号	元件名称	规格	封装	数量
C1、C2、C5	104 电容	$0.1\mu F$	CAP-1206	3
C3	电解电容	$100\mu F/50V$	RB4_8	1
C7	电解电容	$4.7\mu F/50V$	RB2_5	1
C22	电解电容	$2200\mu F/25V$	RB5_10	1
C23 C25	电解电容	$10\mu F/25V$ $22\mu F\ 25V$	RB2_5	2
C24	直插瓷片电容	$1\mu F$	RAD7_5	1
C26、C27	104 电容	$0.1\mu F$	RAD6_3	2
D1	二极管	1N5407	DIODE-15	1
D2、D5、D7、D9	二极管	M7	DIODE-SMA	4
D3、D4、D6、D8、D10	稳压二极管	$3.9V/W5$	SOD123	5
P1	排针	4P	HDR1X4	1
P21	功率放大芯片	LM1875T	T05D	1
R1	色环电阻	$1.3k\Omega$	AXIAL-0.8	1
R2、R6、R8、R11	贴片电阻	$20k\Omega$	R0805	4
R3、R7、R9、R12	贴片电阻	$5.1k\Omega$	R0805	4
R14	贴片电阻	430Ω	R1206	1
R15	贴片电阻	300Ω	R1206	1
R21、R22、R23、R25	贴片电阻	$100k\Omega$	R1206	4
R24、R26、R27	贴片电阻	$4.7k\Omega、36\Omega、1M\Omega$	R1206	3
U1	集成芯片	STC15W204S	SOP16	1
U2	集成芯片	NV020C	SO8_L	1

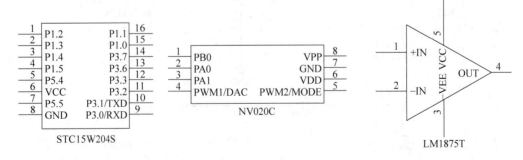

图 10-16 部分元件的原理图符号参考图

(2) 本实例中各类元件的封装,教材由于篇幅限制,不提供全部元件封装尺寸图,建议读者根据元件的名称及规格,查找元件的说明书,依据其封装尺寸图自行绘制。图 10-17 和图 10-18 分别为功率放大芯片 LM1875T 的封装尺寸图和封装参考图。

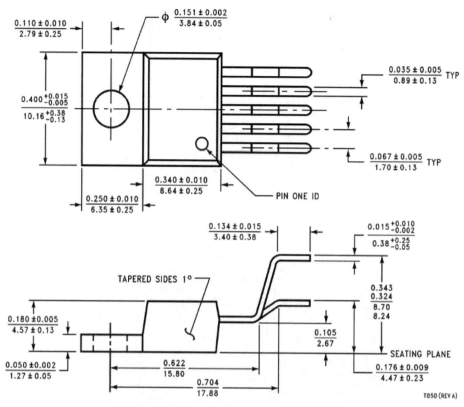

图 10-17 功率放大芯片 LM1875T 封装尺寸图

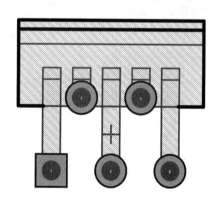

图 10-18 功率放大芯片 LM1875T 封装参考图

10.3.3 PCB 设计

本实例结合语音预警 PCB 最终的安装位置,其板框外形设计如图 10-19 所示,板框圆弧半径为 29mm,弧度为 105°。其安装定位孔只有一个,在 PCB 的中间,孔径为 3mm;采用双面板,过孔直径采用 0.6mm、过孔孔径采用 0.3mm;线宽根据电流大小以及元件密度自行决定,建议 GND 适当宽一点。工程车语音预警电路 PCB 的布局与布线可参考图 10-19,三维效果如图 10-20 所示。

彩图 10-19

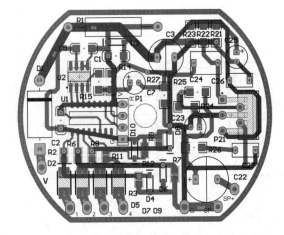

图 10-19　工程车语音预警电路布局与布线参考图

彩图 10-20

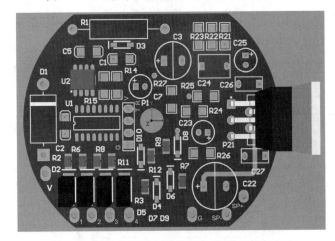

图 10-20　工程车语音预警电路 PCB 三维效果图

10.4　LED 灯控制器电路设计

10.4.1　电路功能分析

　　LED 灯控制器电路是以单片机为主控芯片，实现对一组 LED 灯亮度的数字调节。电路设计了标准的 16 键矩阵键盘，实现人机交互，能够在设计范围内输入任意的电流数值，并具有亮度增强按钮和亮度减弱按钮；此外，电路还具有液晶显示功能，可显示设定电流、实际输出电流等信息。

10.4.2　原理图设计

1. 电路组成

（1）稳压电源电路

本项目需要多个稳压电源，电源电路如图 10-21 所示。电源通过变压器将 220V 输入电

第 10 章 PCB 综合设计实践

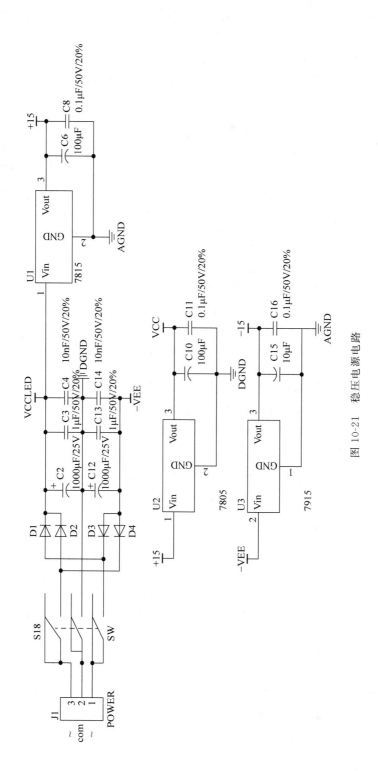

图 10-21 稳压电源电路

压隔离变换成 18V 电压输出,然后通过桥式全波整流电路将交流电变换为直流电,经过电容滤波,最后通过三端稳压集成电路 7815、7805、7915 分别得到 +15V、+5V 和 -15V 的稳定电压。

(2) 恒流源电路

恒流源电路采用运放和场效应管。恒流源电路图如图 10-22 所示。恒流源电路由运算放大器 OPA404、大功率场效应晶体管 IRF640、取样电阻 R12 和负载(LED)等组成。

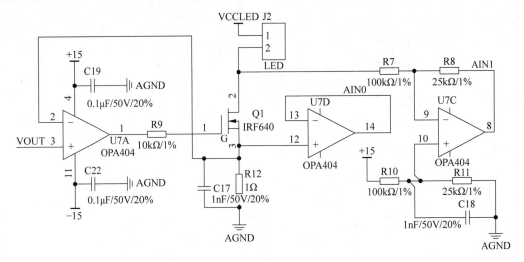

图 10-22 恒流源电路

(3) D/A 和 A/D 接口电路

D/A 和 A/D 接口电路采用 LTC1456 芯片作为 D/A 转换器、TLC2543 芯片作为 A/D 转换器,如图 10-23 所示。另外,数字地与模拟地之间接 0Ω 电阻。

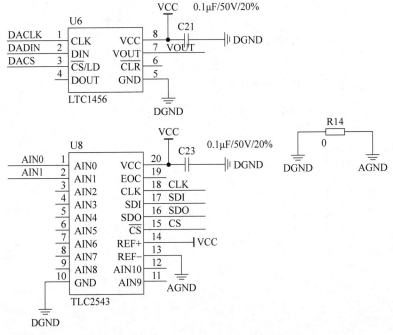

图 10-23 D/A 和 A/D 接口电路

（4）主控电路

AT89S52与各个模块构成控制器的电路连接图如图10-24所示。

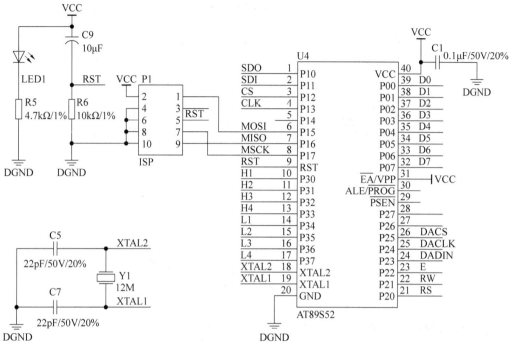

图10-24　主控电路

（5）键盘电路

4×4键盘，采用矩阵式逐行逐列的扫描方法，直接实现从0到9的数字输入以及"加""减""确认""设置""删除""开启/关闭"这些相关的功能性按键，电路如图10-25所示。

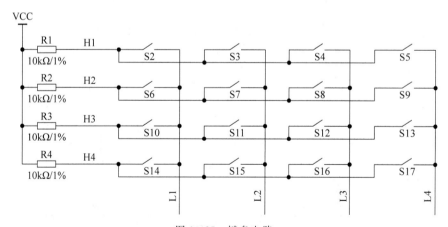

图10-25　键盘电路

（6）显示电路

采用LCD1602液晶显示模块作为显示器，电路如图10-26所示。

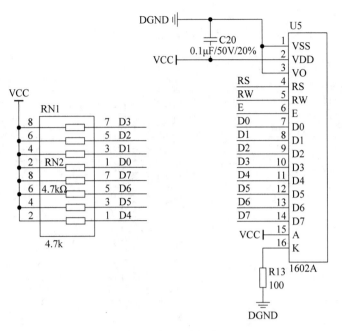

图 10-26 显示电路

2. 原理图绘制说明

原理图中各元件的名称及规格如表 10-4 所示,具体封装形式可参考实物在 Altium Designer 封装库中进行选择,或者直接自行绘制。

表 10-4 元件清单

编 号	元件名称	规 格	封 装	数 量
C1、C8、C11、C16、C19、C20、C21、C22、C23	贴片电容	0.1nF/50V/20%	CAP 0805	9
C2、C12	电解电容	1000μF/25V	RB.2/.4	2
C3、C13	贴片电容	1μF/50V/20%	CAP 0805	2
C4、C14	贴片电容	10μF/50V/20%	CAP 0805	2
C5、C7	贴片电容	22pF/50V/20%	CAP 0805	2
C6、C10、C15	钽电容	100μF	7343	3
C9	钽电容	10μF	3528	1
C17、C18	贴片电容	1nF/50V/20%	CAP 0805	2
D1、D2、D3、D4	二极管	二极管	DIODE0.3	4
J1	电源端子	弹簧式接线端子	CON3-3.81	1
J2	LED 端子	弹簧式接线端子	CON2-3.81	1
LED1	LED	LED	LED 0805	1
P1	端子	简易牛角座	HDR2X5	1
Q1	场效应管	IRF640	TO-220X	1
R1、R2、R3、R4、R6、R9	贴片电阻	10kΩ/1%	R0805	6
R5	贴片电阻	4.7kΩ/1%	R0805	1

续表

编　号	元件名称	规　格	封　装	数　量
R7、R10	贴片电阻	100kΩ/1%	R0805	2
R8、R11	贴片电阻	25kΩ/1%	R0805	2
R12	直插电阻	1Ω	AXIAL0.7	1
R13	直插电阻	100Ω	AXIAL0.4	1
R14	直插电阻	0Ω	AXIAL0.4	1
RN1、RN2	排阻	4.7kΩ	R0603-4	2
S2、S3、S4、S5、S6、S7、S8、S9、S10、S11、S12、S13、S14、S15、S16、S17	微动开关	4 脚	SW1	16
S18	钮子开关	9 脚 2 挡	MTS-302	1
U1	集成芯片	7815	TO-220X	1
U2	集成芯片	7805	TO-220X	1
U3	集成芯片	7915	TO-220X	1
U4	集成芯片	AT89S52	DIP40	1
U5	液晶显示屏	LCD1602		1
U6	集成芯片	LTC1456	DIP8	1
U7	集成芯片	OPA404	DIP14	1
U8	集成芯片	TLC2543	SOL-20_N	1
Y1	晶振	12M	XTAL1	1

(1) 微控制器 AT89S52、液晶显示屏 LCD1602 等元件,需自行绘制其原理图符号,参考图如图 10-27 所示,具体方法参考 7.2.1 节相关内容。

(2) 本实例中各类元件的封装,教材由于篇幅限制,不提供所有元件封装尺寸图,建议读者根据元件的名称及规格,查找元件的说明书,依据其封装尺寸图自行绘制。图 10-28 和图 10-29 分别为钽电容的封装尺寸、封装参考图。

10.4.3　PCB 设计

印制电路板尺寸大致可定为 95mm×75mm,采用双面板。布局时,部分贴片电阻、电容可置于 PCB 背面。

四个角添加定位孔。另外,由于 PCB 上半部分安装 LCD1602 显示屏和主控芯片,为提高机械强度,减少 PCB 的负荷和变形,保证整个 PCB 的重心平衡与稳定,可在上半部分适当位置添加定位孔。

线宽根据电流大小以及元件密度自行决定,建议 GND 适当宽一点。

过孔设计时除了要考虑电路板的性能要求外,还要考虑工厂的加工能力,一般内孔孔径不能小于 0.3mm。

LED 灯控制器电路的布局与布线可参考图 10-30,PCB 正面的三维效果如图 10-31 所示,背面的三维效果如图 10-32 所示。

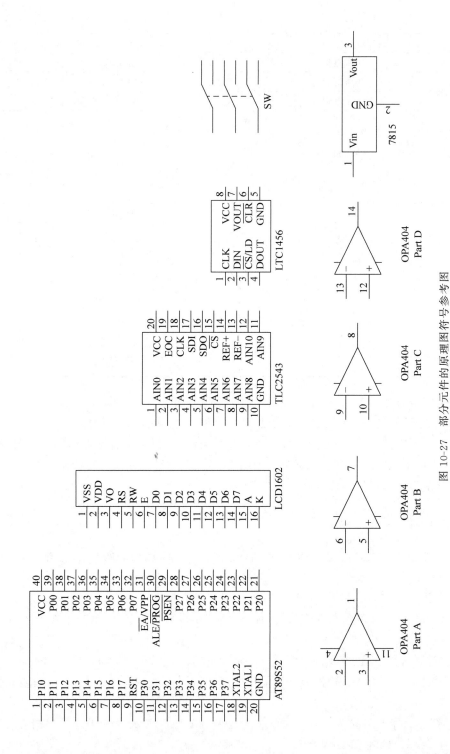

图 10-27 部分元件的原理图符号参考图

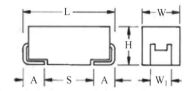

CASE DIMENSIONS: millimeters (inches)

Code	EIA Code	L±0.20 (0.008)	W+0.20 (0.008) -0.10 (0.004)	H+0.20 (0.008) -0.10 (0.004)	W₁±0.20 (0.008)	A+0.30 (0.012) -0.20 (0.008)	S Min.
A	3216-18	3.20 (0.126)	1.60 (0.063)	1.60 (0.063)	1.20 (0.047)	0.80 (0.031)	1.10 (0.043)
B	3528-21	3.50 (0.138)	2.80 (0.110)	1.90 (0.075)	2.20 (0.087)	0.80 (0.031)	1.40 (0.055)
C	6032-28	6.00 (0.236)	3.20 (0.126)	2.60 (0.102)	2.20 (0.087)	1.30 (0.051)	2.90 (0.114)
D	7343-31	7.30 (0.287)	4.30 (0.169)	2.90 (0.114)	2.40 (0.094)	1.30 (0.051)	4.40 (0.173)
E	7343-43	7.30 (0.287)	4.30 (0.169)	4.10 (0.162)	2.40 (0.094)	1.30 (0.051)	4.40 (0.173)
V	7361-38	7.30 (0.287)	6.10 (0.240)	3.45±0.30 (0.136±0.012)	3.10 (0.120)	1.40 (0.055)	4.40 (0.173)

W₁ dimension applies to the termination width for A dimensional area only.

图 10-28　钽电容的封装尺寸

图 10-29　钽电容封装参考图

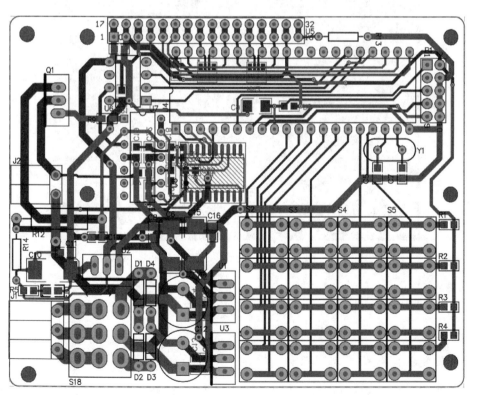

彩图 10-30

图 10-30　LED 灯控制器电路布局与布线参考图

彩图 10-31

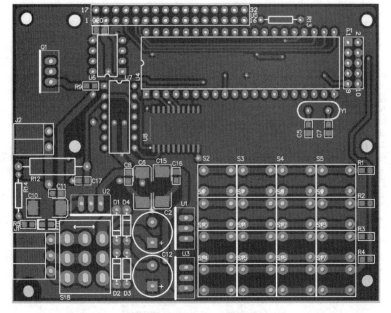

图 10-31　LED 灯控制器电路 PCB 三维效果图(正面)

彩图 10-32

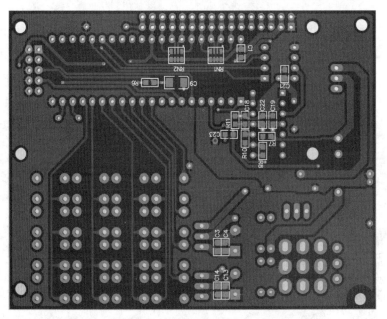

图 10-32　LED 灯控制器电路 PCB 三维效果图(背面)

本章实践任务

1. 温度报警电路原理图设计

设计要求：使用 STC89C52 为主控，设计一个带 1602 液晶屏显示的温度报警电路，包括单片机最小系统、1602 液晶屏电路、测温电路、报警电路、按键电路、USB 供电电路、单片机程序下载电路。根据要求完成该电路原理图的设计,无电路错误;外围电路与单片机连接引脚自定,无要求;若库中无所需元件的原理图符号,自行绘制。

核心器件:1602 液晶屏;DS18B20;有源蜂鸣器(实现温度报警功能);1 个复位按键,4 个功能按键(实现设置、确认、增加和减少的功能);USB 连接器,进行 5V 供电;CH340G, USB 转 TTL 电平。

其他元件:晶振、电阻、电容、三极管等。

2. MC34063 升压电路的 PCB 设计

设计要求:根据提供的原理图文件(如图 10-33 所示),完成 MC34063 升压电路的 PCB 设计。各元件的封装可参考实物在 Altium Designer 封装库中选择,或者通过查找数据手册自行绘制。PCB 板框尺寸大小为 50mm×40mm,电源线走线不小于 0.5mm,信号线不小于 0.4mm,整体布局整齐,走线合理,无 DRC 错误。

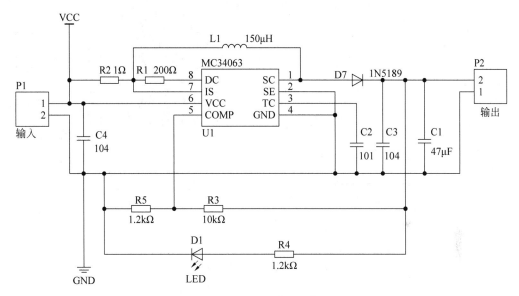

图 10-33 MC34063 升压电路原理图

核心器件:MC34063 芯片,它是常用的 DC/DC 变换主控芯片,能够使用较少的外接元件构成开关式升压电路和降压电路。

3. 流水灯电路的 PCB 设计

设计要求:根据提供的原理图文件(如图 10-34 所示),完成流水灯电路的 PCB 设计。各元件的封装可参考实物在 Altium Designer 封装库中选择,或者通过查找数据手册自行绘制。PCB 的外形建议结合具体元件设计成异形(圆形或心形),具体板框大小根据需要设计,各元件围绕 PCB 外形进行合理布局,要求美观。电源线走线不小于 0.5mm,信号线不小于 0.4mm,走线合理,无 DRC 错误。

核心器件:NE555 定时器、CD4017 移位寄存器、电位器(改变流水灯电路的流动速度)。

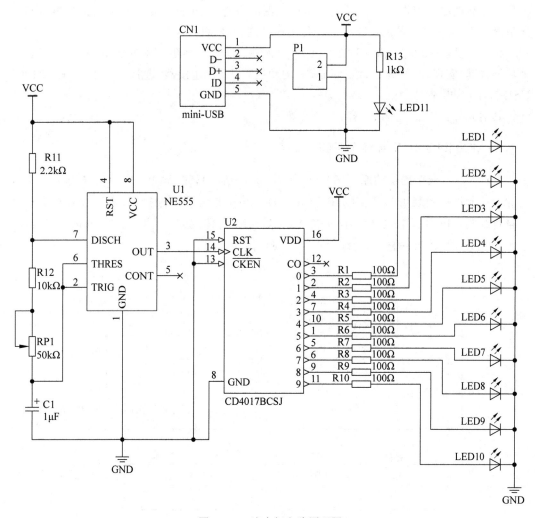

图 10-34 流水灯电路原理图

参 考 文 献

[1] 朱衡君.MATLAB语言及实践教程[M].3版.北京：清华大学出版社,2020.
[2] 李维波.MATLAB在电气工程中的应用实例[M].2版.北京：中国电力出版社,2016.
[3] 郑阿奇.MATLAB实用教程[M].5版.北京：电子工业出版社,2020.
[4] 刘金琨.先进PID控制MATLAB仿真[M].4版.北京：电子工业出版社,2016.
[5] Altium中国技术支持中心.Altium Designer PCB设计官方指南(基础应用)[M].北京：清华大学出版社,2020.
[6] Altium中国技术支持中心.Altium Designer 21 PCB设计官方指南(高级实战)[M].北京：清华大学出版社,2022.
[7] 王志凌,吴玲,赵林.电路设计与制作[M].成都：电子科技大学出版社,2018.
[8] 唐浒,韦然,彭芷晴,等.电路设计与制作实用教程——基于立创EDA[M].北京：电子工业出版社,2021.